高职高专"十三五"规划教材

创新工程实践

钱松 主编

王斌 主审

化学工业出版社

·北京·

本书由创新思维引导、创新理论、创新方法、创新技能、创新实践案例以及创新精神等六个模块组成。通过对国家创新政策、创新环境的分析，对创新思维、创新意识进行讲解，对 TRIZ 理论、技术创新等创新理论进行了系统分析，还系统讲解了创新过程中需要的科技查新、文献检索、专利申报等创新技能，并通过实际的创新工程案例阐述了大学生进行工程实践创新的整个流程。

本书可作为高职高专学生创新类课程的教材，同时也可以作为各类创新培训的教材或参考用书。

图书在版编目（CIP）数据

创新工程实践／钱松主编 . —北京：化学工业出版社，2018.8（2023.1 重印）

高职高专"十三五"规划教材

ISBN 978-7-122-32444-3

Ⅰ.①创… Ⅱ.①钱… Ⅲ.①创新工程-高等职业教育-教材 Ⅳ.①T-0

中国版本图书馆 CIP 数据核字（2018）第 135246 号

责任编辑：高　钰　　　　　　　文字编辑：陈　喆
责任校对：边　涛　　　　　　　装帧设计：刘丽华

出版发行：化学工业出版社（北京市东城区青年湖南街 13 号　邮政编码 100011）
印　　装：三河市双峰印刷装订有限公司
787mm×1092mm　1/16　印张 11¾　字数 263 千字　2023 年 1 月北京第 1 版第 5 次印刷

购书咨询：010-64518888　　　　　售后服务：010-64518899
网　　址：http：//www.cip.com.cn
凡购买本书，如有缺损质量问题，本社销售中心负责调换。

定　　价：35.00 元

前言

根据高职创新人才培养的总体要求，高职院校要能培养具有创新理念、创新思维、创新技能以及创新精神的高素质技术技能型人才，满足社会对于创新人才的需求。

《创新工程实践》从创新的意义、创新的基本思路以及创新能力的提升入手，主要介绍了工科类大学生进行创新的基本思路，并与创新类竞赛与专利申报等结合，以大学生创新类竞赛的典型实际案例分析创新的原则、思路、实践以及成果转化，最终实现对学生的创新思维以及创新能力的培养。

本书的特色具有以下几个方面：首先是符合国家创新战略要求，符合工科类大学生创新人才的培养要求；其次与专利撰写申报结合，体现出创新的物化成果；最后以大学生创新类竞赛为载体，以实际案例培养学生的创新创业能力。

本书具有丰富的创新案例，同时有配套的电子资源与在线开放课程，符合立体化教材建设的要求，使得学生能够将自主学习与课程学习进行完美地结合。本书适应了工科专业的大学创新类课程授课要求，对大学生进行工程实践创新具有重要的指导意义。

本书的内容已制作成用于多媒体教学的 PPT 课件，并配有习题答案，将免费提供给采用本书作为教材的院校使用。如有需要，请发电子邮件至 cipedu@163.com 获取，或登录 www.cipedu.com.cn 免费下载。

本书由扬州工业职业技术学院钱松任主编，江苏省扬州技师学院管娜、扬州高等职业技术学院刘潇任副主编，参与本书编写的还有唐明军。具体分工如下：第1章到第6章由钱松、刘潇编写；第7章由唐明军编写；第8章到第9章由管娜编写。全书由钱松统稿，扬州工业职业技师学院王斌教授主审，并提出了许多宝贵意见。本书编写过程中得到了扬州协鑫光伏科技扬州公司、扬州杨杰电子股份有限公司、扬州电子学会的帮助与支持，扬州协鑫光伏科技扬州公司马存雅高级工程师为本书第7章提供了实际企业案例，扬州杨杰电子股份有限公司提供了作品工艺标准与工程性要求。同时，扬州工业职业技术学院的王平教授、陈景忠教授、卢佩霞副教授都为教材提供了必要的素材，并提出了重要的建议，在此一并表示感谢。

由于受编者水平所限，书中难免出现不足之处，请广大读者批评指正。

编者

2018 年 5 月

第1章　创新思维引导

第2章　创 新 理 论

第3章 创 新 方 法

第4章 创新技能——文献检索

第5章 创新技能——专利申报

第7章 创新实践案例——自动校重机器人研究设计

第8章 创新实践案例——实验室安全管理系统的设计

第9章 创新精神

>>>>>>>>

9.1 创新精神内涵

>>>>>>>>

9.2 创新精神与企业

>>>>>>>>

9.3 创新精神培养

>>>>>>>>

9.4 大学生创新精神培养

参 考 文 献

创新思维引导

创新思维是指以新颖独创的方法解决问题的思维过程，通过这种思维能突破常规思维的界限，以超常规甚至反常规的方法、视角去思考问题，提出与众不同的解决方案，从而产生新颖的、独到的、有社会意义的思维成果。目前国家进行大众创业、万众创新的积极推广，作为新时期的大学生，具有必要的创新思维与创新能力对于个人的职业生涯发展具有重要的意义。本章主要分析创新的基本概念、内涵以及创新思维与创业能力形成的基本过程。

1.1 创新的概念与创新的内涵

1.1.1 创新的概念

创新是指以现有的思维模式提出有别于常规或常人思路的见解为导向，利用现有的知识和物质，在特定的环境中，本着理想化需要或为满足社会需求，而改进或创造新的事物、方法、元素、路径、环境，并能获得一定有益效果的行为。

创新，顾名思义，创造新的事物。《广雅》："创，始也。"新，与旧相对。创新一词出现很早，如《魏书》中有"革弊创新"，《周书》中有"创新改旧"。和创新含义近同的词汇有维新、鼎新等，如"咸与维新""革故鼎新""除旧布新""苟日新，日日新，又日新"。

创是始的意思，所以创造不是后造，而是始造。创造和仿造相对。通常说创造，含有造出了一个前所未有的事物的意味。说创新，大致有两种意味：一种意味是创造了新的东西，这和创造实际是同一个意思；另一种意味是本来存在一个事物，将它更新或者造出一个新事物来代替它。在这种意味下，创新中包含了创造。但创造不可能凭空而起，新的创造一般是建立在原有的事物或其转化的基础上，包含了对原有事物的创新，因而创造中又包含了创新。人类的创造创新可以分解为两个部分：一是思考，想出新主意；二是行动，根据新主意做出新事物，一般是先有创造创新的主意，然后有创造创新的行动。创造和创新还有一种特定的含义，即创造创新学术界主流的术语定义，创造是指想新的，创新是指做新的。在西方，英语中 Innovation（创新）这个词起源于拉丁语。它原意有三层含义：第一，更新，就是对原有的东西进行替换；第二，创造新的东西，就是创造出原来没有的东西；第三，改变，就是对原有的东西进行发展和改造。

创新是指人类为了满足自身需要，不断拓展对客观世界及其自身的认知与行为的过程和结果的活动。或具体讲，创新是指人为了一定的目的，遵循事物发展的规律，对事物的整体或其中的某些部分进行变革，从而使其得以更新与发展的活动。

创新是企业家首次向经济中引入的新事物，这种事物以前没有从商业的意义上被引入经济之中。

1912年，约瑟夫·A.熊彼特（1883—1950）在《经济发展理论》一书中首次提出"创新理论"（Innovation Theory）。创新者将资源以不同的方式进行组合，创造出新的价值。这种"新组合"往往是"不连续的"，也就是说，现行组织可能产生创新，然而，大部分创新产生在现行组织之外。因此，他提出了"创造性破坏"的概念。熊彼特界定了创新的5种形式：开发新产品、引进新技术、开辟新市场、发掘新原材料来源、实现新的组织形式和管理模式。

彼得·F.德鲁克（1909—2005）提出，创新是组织的一项基本功能，是管理者的一项重要职责。在此之前，"管理"被人们普遍认为就是将现有的业务梳理得井井有条，不断改进质量、流程、降低成本、提高效率等。然而，德鲁克则将创新引入管理，明确提出创新是每一位管理者和知识工作者的日常工作和基本责任。

在实践中的创新案例可以有效提升生产效率，优化生活与生产方式，课程选择典型的创新案例如下。

📚 案例1-1 曼哈顿计划

1939～1940年，为掌握战争的主动权，德国、苏联、日本、法国、英国等国都在研究核裂变，并想制造原子弹。

1941年12月6日，美国政府和军界正式大量拨款研制原子弹，并制定了"曼哈顿计划"。1942年，费米（E. Fermi）在芝加哥的研究小组建造的反应堆取得成功，这是人类首次控制住了从原子核释放出来的能量，为制造原子弹提供了重要的实验数据。曼哈顿计划如图1-1所示。

图1-1 曼哈顿计划

1942年，美国建造了研制原子弹的洛斯阿拉莫斯实验室，并任命物理学家奥本海默（J. R. Oppenheimer）为实验室主任。计划先后解决了几个重要的工程技术问题。

a. 燃料使用的效率问题——利用反射层提高效率。

b. 起爆问题——采用内德迈耶的"内爆"法。

c. 铀的提纯问题。铀235的天然含量很低，因此采用从铀238中分离的办法，但成本很高。后来发现钚239也是一种良好的裂变材料，钚是铀238嬗变来的，因此，将分离铀235剩下的大量铀238制造钚。1943年8月，玻尔到了洛斯阿拉莫斯。1945年7月16日，美国"三一计划"实施，首次原子弹爆炸成功，威力巨大。

创新点评：美国在短短不到4年的时间里，就成功试制了原子弹，主要取决于两个因素：一是大批最优秀的欧洲科学家由于受到希特勒的迫害，逃亡美国，使美国拥有最强大的科学家阵容。二是美国政府迫于战争需要，投入巨大的人力和物力，"曼哈顿计划"耗资20亿美元；投入人力50多万人，其中科研人员15万；占用了全国近三分之一的电力。"曼哈顿计划"的目标明确——制造原子弹。对于带有应用目标的计划，必须目标明确。

📚 案例1-2 化学工业的创新

以科学为基础，以市场竞争为动力，产生重大创新。化学工业常常被称为第一个以科学为基础的工业。从最初的与纺织行业结合紧密的无机化学的发展，到首先是煤焦油派生物到石油化工的有机化学工业的发展，再到20世纪30年代通过对大分子结构的基础研究而导致碳氢化合物化学的重大突破，大量的创新迅速出现了，如聚苯乙烯、有机玻璃、PVC、聚乙烯、合成橡胶、尼龙和所有的人造纤维。化学工业的所有重大创新几乎都是在大型化工企业的实验室内完成的。

杜邦公司发明的尼龙（Nylon）就是一个很好的例子。1930年，杜邦研究实验室从严格合成的材料中第一次获得有使用价值的纤维，被称为人造丝，通过4年的反复试验，终于完全合成了实用的合成纤维。1938年正式宣布这项发明，定名为"尼龙"，并于1939年开始投产。由于它强度大、耐摩擦和不易腐烂，在国内外市场大受欢迎，并在第二次世界大战中广泛应用到飞机和汽车轮胎用衬布、军用服装、降落伞和其他用途等。杜邦公司这个存在近两个世纪的世界最大的化工企业，一直是以它的科技创新为动力，以其工业研究实验室为核心，展开了可能是世界历史最悠久的化工企业的发展历程。它的4次产品大换代都是由科技研发的重大创新并打开新的产品领域所产生的。杜邦公司近200年的发展过程说明，科技研究是一个企业得以生存和发展的主要动力。

大型联合企业在有机化学工业创新中起到了主要作用，这些企业本身构成了创新系统的重要组成部分。创新的主要动力来自于企业内部的研究与发展部门。尼龙丝与尼龙制成的衣服如图1-2所示。

图1-2 尼龙丝与尼龙制品

创新工程实践

创新点评：化学工业的创新说明了研究与发展部门在创新系统中起到了核心作用，研究与发展部门与外界的联系非常重要，因为这些联系提供了市场和基础研究的信息。随着化学工业不断进入更专业化的细分市场，与客户的关系变得越来越重要，同时，随着生物技术和新材料技术这种基于基础研究的技术市场前景看好，企业与上游的关系也越来越重要。

案例1-3　IBM 的 360 系统计算机

以创新和增长作为企业基本策略。20 世纪 60 年代初，IBM 公司面临的是计算机市场竞争的强大压力，于是 1961 年决定投资 50 亿美元开发第三代计算机——360 系统计算机。这项投资远远超过了"曼哈顿计划"的 20 亿美元的投资，被认为是"美国产业界最大的一个决策，比起波音公司决定生产喷气式飞机和福特公司决定生产成百上千万辆野马牌汽车的决策有过之而无不及"。IBM 动员了其在世界各地分支机构的科研人员进行研制开发，其开发目标是：新机器必须是同时要在商业市场和科学计算市场上具有竞争力的一个完全兼容的系统。1964 年 IBM 宣布 360 系统研制成功，其运算速度和内存比第二代计算机提高了一个数量级，系统设计上采用了能适应计算、数据处理和实时控制等多用途及各种指令相容的通用化技术，使产品性能价格比大幅度上升，通用性提高，软件支持成倍增加，有专家称"360 系统之后，已不再是原子能时代，而是信息时代"。360 系统计算机成功地制定了业界的标准，使得 IBM 的竞争对手只能选择生产与系统兼容的机器，提升性能价格比，以争夺 IBM 的用户，或者生产与这系统完全不同的机型，以满足不同用户的需要。1965 年 IBM 公司销售额达到 25 亿美元，从而将其竞争对手远远抛在后面，构建了计算机业的 IBM 帝国。IBM 创新研发的第三代计算机如图 1-3 所示。

图 1-3　IBM 第三代计算机

创新点评：投资 50 亿美元的巨资对 IBM 来说是冒着极大的风险，其市场经营部副总裁弗兰克·卡里也许说出了 IBM 成功的秘诀："IBM 的基本策略是一种领导策略，一种创新策略，一种增长策略。这种策略就是要拿出新产品使业务得到增长。在这样的企业中很有干头，我认为人们都喜欢在这样的公司中工作而不会喜欢在那种随大流的公司中工作。"

案例1-4　激光技术的应用

科学-技术-需求相互关系，产生创新突破。激光器的发明是 20 世纪科学技术的一项重大成就，标志着人类对光的认识和利用达到了一个新的水平。1916 年爱因斯坦发表了

《关于辐射的量子理论》，对能态之间的跃迁方式第一次给出了实际的认识，提出了3种假设，即自发辐射、受激吸收和受激辐射，其中受激辐射是个新概念。随后在第二次世界大战中大批物理学家参加了微波技术的研究与发展工作，并将光谱学和微波电子学结合起来，开创了微波波谱学。随着微波波谱学的发展，许多分子和原子微波波谱的发现，关于粒子数反转的概念，以及利用受激辐射实现相干放大等问题逐渐受到微波波谱学家们的关注，从而导致了1954年第一台微波激射器（MASER）的问世，从理论、技术和人才等方面为激光器（LASER）的问世准备了条件。1960年第一台红宝石激光器及稍后的氦氖激光器诞生后，人们根据激光的一系列优异特性——高单色性、高方向性、高相干性和高亮度，设想了激光的种种应用前景，由此吸引了来自政府和企业等各方面的投资，大批研究开发人员转入这一领域，激光理论、器件和技术的研究因此进展更为迅速。激光技术已在材料加工、医疗、通信、武器、全息照相、同位素分离、核聚变和计量基准等领域发挥着巨大的作用，成为支撑信息时代的一项关键技术。激光器的应用如图1-4所示。

图1-4　世界上第一台激光器

创新点评：激光技术的发明一方面是20世纪初量子理论的结晶；另一方面对微波技术发展的要求推动了激光技术研究的步伐，而社会多方面的需求使得激光技术能获得更为广泛的应用，是科学-技术-需求的三者互动作用推动了激光技术的迅猛发展。

1.1.2　创新的内涵

创新是为客户创造出"新"的价值，把未被满足的需求或潜在的需求转化为机会，并创造出新的客户满意。创新的目的不是利润最大化，而是创造客户。以牺牲客户价值为代价的"创造"不是创新，其结果只能是给企业，甚至是整个行业造成灾难。因此，发明未必是创新，除非该发明能够被应用并创造出新的客户价值。创业也未必是创新，只有其新的事业创造出了"新的客户满意"，否则，新创企业很可能对现有的产业造成破坏。

创新活动赋予资源一种新的能力，使它能够创造出更多的客户价值。实际上，创新活动本身就创造了资源。因此，创新是一项有目的性的管理实践，遵循一系列经过验证的原则和条件。创新是一门学科，是可以传授和学习的。与在工商企业中一样，创新对非营利性组织和公共机构同样重要。

在持续改进的过程中，有时也能够产生创新的成果，然而，更多的创新产生于对客户需求更深刻地发掘和认识，从而创造出"全新的业务"和客户价值，即所谓"颠覆式创新"。创新是有风险的，然而，"吃老本"或者"重复改进"比创造未来风险更大。创新的障碍并非企业的规模，我们生活中的很多创新源自大企业；创新真正的障碍是现有的"成功模式"造成的"行为惯性"和"思维定式"。

创新所释放出来的生产力及其创造出来的市场价值推动了产业和社会的不断进步，有效地避免了经济的衰退和社会动荡。创新不但是企业可持续发展的原动力，而且是推动社会进步，避免暴力革命对社会造成伤害的有效途径。在高速变化的互联网时代，创新正在成为每个组织和个人必须具备的能力。

1.2 创新概念的产生与发展

在西方，创新概念的起源可追溯到 1912 年美籍经济学家熊彼特的《经济发展概论》。熊彼特在其著作中提出：创新是指把一种新的生产要素和生产条件的"新结合"引入生产体系。它包括五种情况：开发新产品；引进新技术；开辟新市场；发掘新原材料来源；实现新的组织形式和管理模式。熊彼特的创新概念包含的范围很广，如涉及技术性变化的创新及非技术性变化的组织创新。

20 世纪 60 年代，随着新技术革命的迅猛发展，美国经济学家华尔特·罗斯托提出了"起飞"六阶段理论，将"创新"的概念发展为"技术创新"，把"技术创新"提高到"创新"的主导地位。

1962 年，伊诺思在其《石油加工业中的发明与创新》一文中首次直接明确地对技术创新下定义："技术创新是几种行为综合的结果，这些行为包括发明的选择、资本投入保证、组织建立、制定计划、招用工人和开辟市场等。"伊诺思是从行为集合的角度来下定义的。而首次从创新时序过程角度来定义技术创新的林恩认为，技术创新是"始于对技术的商业潜力的认识而终于将其完全转化为商业化产品的整个行为过程"。

美国国家科学基金会也从 20 世纪 60 年代开始兴起并组织对技术的变革和技术创新的研究。迈尔斯和马奎斯作为主要的倡议者和参与者，在其 1969 年的研究报告《成功的工业创新》中将创新定义为技术变革的集合，认为技术创新是一个复杂的活动过程，从新思想、新概念开始，通过不断地解决各种问题，最终使一个有经济价值和社会价值的新项目得到实际的成功应用。20 世纪 70 年代下半期，他们对技术创新的界定大大扩宽了，在 NSF 报告《1976 年：科学指示器》中，将创新定义为"技术创新是将新的或改进的产品、过程或服务引入市场"，明确地将模仿和不需要引入新技术知识的改进作为最终层次上的两类创新而划入技术创新定义范围中。

20 世纪 70~80 年代，有关创新的研究进一步深入，开始形成系统的理论。厄特巴克在 20 世纪 70 年代的创新研究中独树一帜，他在 1974 年发表的《产业创新与技术扩散》中认为："与发明或技术样品相区别，创新就是技术的实际采用或首次应用。"缪尔赛在 20 世纪 80 年代中期对技术创新概念作了系统的整理分析。在整理分析的基础上，他认为："技术创新是以其构思新颖性和成功实现为特征的有意义的非连续性事件。"

著名学者弗里曼把创新对象基本上限定为规范化的重要创新。他从经济学的角度考虑创新。他认为，技术创新在经济学上的意义只是包括新产品、新过程、新系统和新装备等形式在内的技术向商业化实现的首次转化。他在 1973 年发表的《工业创新中的成功与失败研究》中认为："技术创新是一个技术的、工艺的和商业化的全过程，其导致新产品的市场实现和新技术工艺与装备的商业化应用。"其后，他在1982年的《工业创新经济学》修订本中明确指出，技术创新就是指新产品、新过程、新系统和新服务的首次商业性转化。

中国自20世纪80年代以来开展了技术创新方面的研究。傅家骥先生对技术创新的定义是：企业家抓住市场的潜在盈利机会，以获取商业利益为目标，重新组织生产条件和要素，建立起效能更强、效率更高和费用更低的生产经营方法，从而推出新的产品、新的生产（工艺）方法，开辟新的市场，获得新的原材料或半成品供给来源或建立企业新的组织，它包括科技、组织、商业和金融等一系列活动的综合过程。此定义是从企业的角度给出的。彭玉冰、白国红也从企业的角度为技术创新下了定义："企业技术创新是企业家对生产要素、生产条件、生产组织进行重新组合，以建立效能更好、效率更高的新生产体系，获得更大利润的过程。"

中国学者陈伟博士构筑了创新管理学科架构体系。1994年，陈伟提出创新的第三种不确定性、创新追赶陷阱模型、以工艺变化为中心的产业创新模型等。1996年，科学出版社出版了中国第一部《创新管理》专著，成为该领域奠基之作。专著思路架构领先于欧美同类著作。1997年，《创新管理》获安子介国际贸易研究奖第一名。《创新管理》被清华大学、浙江大学、哈尔滨工业大学等用作管理硕士、博士教材，博士生入学考试指定教材；被选作中国省部级干部技术进步高级研究班教材；北京大学商学网将《创新管理》与彼得·德鲁克的《创新与企业家精神》一道列为两本必读创新论著。1992～1995年，陈伟承担国家八五重大项目"中国技术创新理论研究"之子课题"技术创新过程组织"；1999年，项目获国家教育部科技进步一等奖。2007年，陈伟在美国《财富》杂志（中文版）开设创新专栏。

进入21世纪，在信息技术推动下，知识社会的形成及其对技术创新的影响进一步被认识，科学界进一步反思对创新的认识：技术创新是一个科技、经济一体化过程，是技术进步与应用创新"双螺旋结构"共同作用催生的产物。知识社会条件下，以需求为导向、以人为本的创新2.0模式进一步得到关注。宋刚等在《复杂性科学视野下的科技创新》一文中，通过对科技创新复杂性分析以及AIP应用创新园区的案例剖析，指出了技术创新是各创新主体、创新要素交互复杂作用下的一种复杂涌现现象，是技术进步与应用创新的"双螺旋结构"共同演进的产物；信息通信技术的融合与发展推动了社会形态的变革，催生了知识社会，使得传统的实验室边界逐步"融化"，进一步推动了科技创新模式的嬗变。要完善科技创新体系，急需构建以用户为中心、需求为驱动、社会实践为舞台的共同创新、开放创新的应用创新平台，通过创新双螺旋结构的呼应与互动形成有利于创新涌现的创新生态，打造以人为本的创新2.0模式。

人类所做的一切事物都存在创新，创新遍布人类生产生活的方方面面，如观念、知识、技术的创新，政治、经济、商业、艺术的创新，工作、生活、学习、娱乐、衣、食、住、行、通信等领域的创造创新，而不仅仅是技术领域的事情，尽管技术创新对人类的生产生活有决定性意义。何道谊认为，事物创新-仿复模型具有普遍适用性，在这一模型下，生产力由学习能力、创新能力和仿复能力决定，生产力公式为：生产力 =（学习能力 + 创新能力）× 仿复能力。仿复能力指仿照一定的模式进行复制、复做的能力，如企业的年生产能力、年服务接待人次能力。何道谊在《技术创新、商业创新、企业创新与全方面创新》中提出并论述了全方面创新和大研发概念。企业全方面创新包括作为构成企业有机体的软系统的创新，也包括战略创新、模式创新、流程创新、标准创新、观念创新、风气创新、结构创新、制度创新；作为企业不可或缺的基本要素的硬系统的创新，即人、财、物、技术、信息及其相关体系和管理的创新，如职责体系、权力体系、绩效评估体系、利益报酬体系、沟通体系的创新；通用管理职能的创新，包括目标、计划、实行、检馈、控制、调整六个基本的过程管理职能的创新和人力、组织、领导三个基本的对人管理职能的创新；企业业务职能的创新，如技术、设计、生产、采购、物流、营销、销售、人力、财务等专业业务职能的创新。由于科技的普遍适用性、连续进步的显著性和发展的长期累积性，科技创新是推动人类社会进步的根本性驱动力，所以研发通常指技术研发。研发是创新成模的过程，研发功能是专门从事创新的功能。企业创新不仅仅是产品技术的创新，而是各个方面的创新，那么，企业的研发也不仅仅是产品技术的研发，而是涵盖各个方面。

1.3 创新的内容与创新的过程

1.3.1 创新的内容

创新的内容包含理论创新、制度创新、科技创新、文化创新及其他创新。创新的关系：理论创新是指导，制度创新是保障，科技创新是动力，文化创新是智力支持。它们相互促进，密不可分。

创新的主体：人类。这里的人类包含两层含义：一是指个人，如自然人（爱迪生等）的发明创造；二是指团体或组织，如国家创新体系的建立。

创新的客体：客观世界。包括自然科学、社会科学以及人类自身思维规律。

 案例1-5 大疆——消费级无人机市场的霸主

企业介绍： 深圳市大疆创新科技有限公司（DJI-Innovations，DJI），成立于2006年，是全球领先的无人飞行器控制系统及无人机解决方案的研发和生产商，客户遍布全球100多个国家。它占据着全球70%的无人机市场份额。

创新性： 无人机以前主要是应用在军事方面，而大疆是第一个将无人机应用在商业领域并获得成功的企业。大疆无人机如今已被应用在军事、农业、记者报道等方面，是可以"飞行的照相机"。

案例解读： 大疆汪滔：遥控无人机王国的"愚者"。这家公司将目标受众从业余爱好者变成主流用户，而且它在这一过程中还能占据市场的主导地位，这种成功的案例在科技行业发展史上实属罕见。创新指数：5颗星。

 案例1-6 滴滴巴士——定制公共交通

企业介绍： 2015年7月15日，继快车、顺风车之后，滴滴快的旗下巴士业务"滴滴巴士"也正式上线。目前滴滴巴士已经在北京和深圳拥有700多辆大巴、1000多个班次。

创新工程实践

创新性：滴滴巴士是第一个尝试将巴士进行多场景应用的定制巴士。滴滴巴士是关于定制化出行的城市通勤定制服务。它根据大数据测算并推出城市出行新线路。滴滴巴士还将巴士进行多场景应用，比如旅游线路定制、商务线路定制等，扩展了巴士出行的场景。

案例解读：百花齐放的共享巴士，还是捉对厮杀的共享巴士？城市通勤定制服务出现的时间并不长，却发展很快。它是关于定制化出行的一种初步尝试。事实上，做定制服务的门槛其实是极高的，而滴滴巴士母公司滴滴出行的互联网技术和用户基础为其创造了有利条件。

案例1-7 百度度秘——表面它陪你聊天，其实你陪它消费

企业介绍：度秘（英文名：Duer）是百度在2015年世界大会上全新推出的，为用户提供秘书化搜索服务的机器人助理。

创新性：度秘将人工智能带到了可以广泛使用的场景中，是百度强大的搜索技术和人工智能的完美结合体，可以用机器不断学习和替代人的行为。

案例解读：李彦宏"索引真实世界"度秘时代来了，你跟得上吗？提起百度就是竞价排名，如今度秘终于可以升级这个原始的广告模式了。今年百度大会上推出的度秘是聊天机器人＋搜索引擎＋垂类O2O的整合型产品。它把现在互联网最热最精尖的技术全集合在了一起，百度大动干戈在百度世界大会上发布这款产品，将生态完善化繁为简，满足了"懒人"生平夙愿。

案例1-8 人人车——"九死一生"的C2C坚挺的活了下来

企业介绍：人人车是用C2C的方式来卖二手车，为个人车主和买家提供诚信、专业、便捷、有保障的优质二手车交易。

创新性：它首创了二手车C2C虚拟寄售模式，直接对接个人车主和买家，砍掉中间环节。该平台仅上线车龄为6年且在10万千米内的无事故个人二手车，卖家可以将爱车卖到公道价，买家可以买到经专业评估师检测的真实车况的放心车。

案例解读：李成东对话人人车李健：二手车就应该这么卖！C2C虚拟寄售的模式被描述为"九死一生"，是因为：第一，二手车属非标品；第二，卖车人和买车人两端需求是对立的；第三，国内一直缺乏第三方中立的车辆评估，鱼龙混杂。因此二手车C2C交易困难重重，想法大胆又天真。人人车不被看好却能逃过"C轮死"的魔咒，是因为其省去所有中间环节，将利润返还给消费者。创始人李健说："如果我能成功，B2C都要失业了。"

案例1-9 干净么——餐饮界的360，免费还杀毒

企业介绍：干净么是一个互联网餐饮安全卫生监管平台，基于移动互联网并连接各个环节、各个部门的第三方卫生监管平台，同政府、媒体、商家、用户等多方互动来进行监管。目前在干净么的APP上有几百万条数据，15万家餐厅的食品安全等级评价。

创新性：它是第一家利用互联网思维来打食品安全这场仗的第三方平台，不仅对餐饮商家进行测评、监管，还包含学校、幼儿园、单位食堂等在内，用户可以查阅自己感

兴趣商家的卫生安全等级，从而判断是否就餐。

案例解读："干净么"亮剑：剑指大众点评、美团、饿了么三巨头。"干净么"就好比餐饮界的360，免费还杀毒，目标就是通过惩恶扬善使餐饮行业进入良性竞争循环。食品安全需要社会共治，干净么就是连接政府、媒体和消费者的一个纽带。

1.3.2 创新的过程

（1）信息搜集与整理

创新的第一阶段就是进行信息的搜集与整理。管理者要从管理目标与需要出发，大量搜集与整理信息资料，分析组织内部存在的不协调，界定所要解决的问题与任务要求。同时，明确客观环境与主观条件。在此基础上，理清创新的大致方向。

（2）创新方案的制定

创新是有风险的。为了将这种风险降到最低，企业必须根据本企业内外的实际情况，结合公司的整体发展战略和业务特点，制定适合本企业的创新方案。

（3）实施创新

有了创新方案，就要迅速付诸实施，而不论这一方案是否绝对完善和十全十美。如果想等到创新方案达到完美的时候再行动，那将是看到别人成功的时候。

（4）不断完善

创新是有风险的，是可能失败的。为了尽可能避免失败，取得最终的成功，创新者在开始行动以后，要不断研讨，集思广益，对原有方案进行补充、修改和完善。

（5）再创新

这一轮的创新成功，则为下一轮的创新提供了动力。创新不能停止，必须要在一个新的起点上实施再创新。即使这一轮创新失败，也要从失败中总结经验、吸取教训，为持续创新提供借鉴。

1.4 创新的原则与创新的基本原理

1.4.1 创新的原则

创新原则就是开展创新活动所依据的法则和判断创新构思所凭借的标准。

（1）遵守科学原理原则

创新必须遵循科学技术原理，不得有违科学发展规律。因为任何违背科学技术原理的创新都是不能获得成功的。比如，近百年来，许多才思卓越的人耗费心思，力图发明一种既不消耗任何能量，又可源源不断对外做功的"永动机"。但无论他们的构思如何巧妙，结果都逃不出失败的命运。其原因在于他们的创新违背了"能量守恒"的科学原理。为了使创新活动取得成功，在进行创新构思时，必须做到以下几点。

① 对发明创造设想进行科学原理相容性检查。创新的设想在转化为成果之前，应该先进行科学原理相容性检查。如果关于某一创新问题的初步设想与人们已经发现并获实践检查证明的科学原理不相容，则不会获得最后的创新成果。因此与科学原理是否相容是检查创新设想有无生命力的根本条件。

② 对发明创新设想进行技术方法可行性检查。任何事物都不能离开现有条件的制约。在设想变为成果时，还必须进行技术方法可行性检查。如果设想所需要的条件超过现有技术方法可行性范围，则在目前该设想还只能是一种空想。

③ 对创新设想进行功能方案合理性检查。任何创新的新设想在功能上都有所创新或有所增强，但一项设想的功能体系是否合理，关系到该设想是否具有推广应用的价值。因此，必须对其合理性进行检查。

（2）市场评价原则

为什么有的新产品登上商店柜台却渐渐销声匿迹了呢？

创新设想要获得最后的成果，必须经受走向市场的严峻考验。爱迪生曾说："我不打算发明任何卖不出去的东西，因为不能卖出去的东西都没有达到成功的顶点。能销售出去就证明了它的实用性，而实用性就是成功。"

创新设想经受市场考验，实现商品化和市场化要按市场评价的原则来分析。其评价通常是从市场寿命观、市场定位观、市场特色观、市场容量观、市场价格观和市场风险观六个方面入手，考察创新对象的商品化和市场化的发展前景，而最基本的要点则是考察该创新的使用价值是否大于它的销售价格，也就是要看它的性能、价格是否优良。但在现实中，要估计一种新产品的生产成本和销售价格不难，而要估计一种新发明的使用价值和潜在意义则很难。这需要在市场评价时把握住评价事物使用性能最基本的几个方面，然后在此基础上作出结论。

① 解决问题的迫切程度。

② 功能结构的优化程度。

③ 使用操作的可靠程度。

④ 维修保养的方便程度。

⑤ 美化生活的美学程度。

（3）相对较优原则

创新不可盲目追求最优、最佳、最美、最先进。

创新产物不可能十全十美。在创新过程中，利用创造原理和方法获得的许多创新设想，它们各有千秋，这时，就需要人们按相对较优的原则，对设想进行判断选择。

① 从创新技术先进性上进行比较。可从创新设想或成果的技术先进性上进行各自之间的分析比较，尤其是应将创新设想与解决同样问题的已有技术手段进行比较，看谁领先和超前。

② 从创新经济合理性上进行比较选择。经济的合理性也是评价判断一项创新成果的重要因素，所以对各种设想的可能经济情况要进行比较，看谁合理和节省。

③ 从创新整体效果性上进行比较选择。技术和经济应该相互支持、相互促进，它们的协调统一构成事物的整体效果。任何创新的设想和成果，其使用价值和创新水平主要是通过它的整体效果体现出来的。因此，对它们的整体效果要进行比较，看谁全面和优秀。

（4）机理简单原则

在现有科学水平和技术条件下，如不限制实现创新方式和手段的复杂性，所付出的代价可能远远超出合理程度，使得创新的设想或结果毫无使用价值。在科技竞争日趋激烈的今天，结构复杂、功能冗余、使用繁琐已成为技术不成熟的标志。因此，在创新的过程中，要始终贯彻机理简单原则。为使创新的设想或结果更符合机理简单的原则，可进行如下检查。

① 新事物所依据的原理是否重叠，超出应有范围。

② 新事物所拥有的结构是否复杂，超出应有程度。

③ 新事物所具备的功能是否冗余，超出应有数量。

（5）构思独特原则

我国古代军事家孙子在其名著《孙子兵法·势篇》中指出："凡战者，以正合，以奇胜。故善出奇者，无穷如天地，不竭如江河。"所谓"出奇"，就是"思维超常"和"构思独特"。创新贵在独特。在创新活动中，关于创新对象的构思是否独特，可以从以下几个方面来考察。

① 创新构思的新颖性。

② 创新构思的开创性。

③ 创新构思的特色性。

（6）不轻易否定，不简单比较原则

不轻易否定，不简单比较原则是指在分析评判各种产品创新方案时应注意避免轻易否定的倾向。在飞机发明之前，科学界曾从"理论"上进行了否定的论证；过去也曾有权威人士断言，无线电波不可能沿着地球曲面传播，无法成为通信手段。显然，这些结论都是错误的，这些不恰当的否定之所以出现，是由于人们运用了错误的"理论"，而更多的不应该出现的错误否定，则是由于人们的主观武断，给某项发明规定了若干用常规思维分析证明无法达到的技术细节的结果。

在避免轻易否定倾向的同时，还要注意不要随意在两个事物之间进行简单比较。不同的创新，包括非常相近的创新，原则上不能以简单的方式比较其优势。

不同创新不能简单比较的原则带来了相关技术在市场上的优势互补，形成了共存共荣的局面。创新的广泛性和普遍性都源于创新具有的相融性。如市场上常见的钢笔、铅笔就互不排斥，即使都是铅笔，也有普通木质的铅笔和金属或塑料杆的自动铅笔之分，它们之间也不存在排斥的问题。

总之，我们应在尽量避免盲目地、过高地估计自己的设想的同时，也要注意珍惜别人的创意和构想。简单的否定与批评是容易的，难得的却是闪烁着希望的创新构想。

以上是在创新活动中要注意并切实遵循的创新原理和创新原则，这都是根据千百年来人类创新活动成功的经验和失败的教训提炼出来的，是创新智慧和方法的结晶。它体现了创新的规律和性质，按创新原理和原则去创新并非束缚你的思维，而是把创新活动纳入安全可靠、快速运行的大道上来。

在创新活动中遵循创新原理和创新原则是提升创新能力的基本要素，是攀登创新云梯的基础。只要有了这个基础，就把握了开启创新大门的"金钥匙"。

1.4.2 创新的基本原理

（1）综合原理

综合是在分析各个构成要素基本性质的基础上，综合其可取的部分，使综合后所形成的整体具有优化的特点和创新的特征。日本在重大理论突破、诺贝尔奖等方面远远落后于西方强国，但日本人善于将别国的先进技术拿来，形成新的科学体系。综合原理在日本科技体系中的应用如图1-5所示。

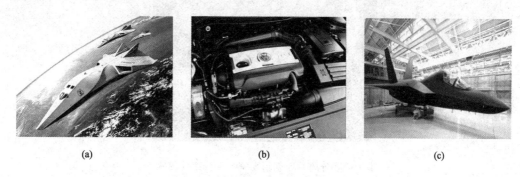

(a)   (b)   (c)

图1-5 综合原理在日本科技体系中的应用

（2）组合原理

这是将两种或两种以上的学说、技术、产品的一部分或全部进行适当叠加和组合，用以形成新学说、新技术、新产品的创新原理。组合既可以是自然组合，也可以是人工组合。在自然界和人类社会中，组合现象是非常普遍的。

爱因斯坦曾说："组合作用似乎是创造性思维的本质特征。"组合创新的机会是无穷的。有人统计了20世纪以来的480项重大创造发明成果，经分析发现：20世纪三四十年代是突破型成果为主而组合型成果为辅；20世纪五六十年代两者大致相当；从20世纪80年代起，组合型成果占据主导地位。这说明组合原理已成为创新的主要方式之一。组合原理创新案例如图1-6所示。

图1-6 组合原理创新案例——组合式砧板

（3）分离原理

分离原理是把某一创新对象进行科学的分解和离散，使主要问题从复杂现象中暴露出来，从而理清创造者的思路，便于抓住主要矛盾。分离原理在发明创新过程中，提倡将事物打破并分解，它鼓励人们在发明创造过程中，冲破事物原有面貌的限制，将研究对象予以分离，创造出全新的概念和全新的产品。如隐形眼镜是眼镜架和镜片分离后的新产品。分离原理创新案例如图1-7所示。

（4）多用性、通用性原理

集多种功能于一身，消除其他系统（如图1-8所示115种功能的瑞士刀），多用性、通用性原理在创新中有多个实践案例，将同一时间可能需要的各种功能集成到一个产品上，并可以一个新产品与创新案例的形态出现。

图1-7　分离原理创新案例——分离式墨水

图1-8　多用性原理创新案例——瑞士军刀

（5）移植原理

这是把一个研究对象的概念、原理和方法运用于另一个研究对象并取得创新成果的创新原理。"他山之石，可以攻玉"就是该原理能动性的真实写照。移植原理的实质是借用已有的创新成果进行创新目标的再创造。如想想拉链还有什么用途。想起来就记录下来，以后有新的发现继续记录，积累多了，就能创新。

创新活动中的移植依重点不同，可以是沿着不同物质层次的"纵向移植"，也可以是在同一物质层次内不同形态间的"横向移植"，还可以是把多种物质层次的概念、原理和方法综合引入同一创新领域中的"综合移植"。新的科学创造和新的技术发明层出不穷，其中有许多创新是运用移植原理取得的。移植原理中原理移植创新案例如图1-9所示。移植原理中结构移植创新案例如图1-10所示。

（6）换元原理

换元原理是指创造者在创新过程中采用替换或代换的思想或手法，使创新活动内容不断展开、研究不断深入的原理。通常指在发明创新过程中，设计者可以有目的、有意义地去寻找替代物。如果能找到性能更好、价格更省的替代品，这本身就是一种创新，如对颜色进行改变创新。换元原理创新案例如图1-11所示。

图1-9 移植原理中原理移植创新案例——电子语音合成技术

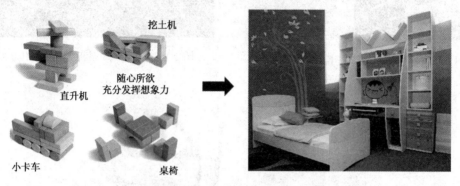

图1-10 移植原理中结构移植创新案例——积木到组合家具

图1-11 换元原理创新案例——感温汤匙、LED 艺术电扇

（7）迂回原理

创新在很多情况下会遇到许多暂时无法解决的问题。迂回原理鼓励人们开动脑筋、另辟蹊径。不妨暂停在某个难点上的僵持状态，转而进入下步行动或进入另外的行动，带着创新活动中的这个未知数，继续探索创新问题，不要钻牛角尖、走死胡同。因为有时通过解决侧面问题或外围问题以及后继问题，可能会使原来的未知问题迎刃而解。迂回原理的创新应用案例如图 1-12 所示。

（8）逆反原理

逆反原理首先要求人们敢于并善于打破头脑中常规思维模式的束缚，对已有的理论方法、科学技术、产品实物持怀疑态度，从相反的思维方向去分析、去思索、去探求新的发明创造。实际上，任何事物都有着正反两个方面，这两个方面同时相互依存于一个共同体中。人们在认识事物的过程中，习惯于从显而易见的正面去考虑问题，因而阻塞了自己的思路。如果能有意识、有目的地与传统思维方法"背道而驰"，往往能得到极好的创新成果。逆反原理在创新中的应用如图 1-13、图 1-14 所示。

图1-12 迂回原理创新应用——打火机

图1-13 逆反原理创新应用——传送带

图1-14 逆反原理创新应用——电风扇与排气扇

（9）强化原理

强化就是对创新对象进行精炼、压缩或聚焦，以获得创新的成果。强化原理是指在创新活动中，通过各种强化手段，使创新对象提高质量，改善性能，延长寿命，增加用途，或使产品体积缩小、重量减轻、功能得到强化。强化原理在创新中的应用如图1-15所示。

图1-15 强化原理创新应用——人造水晶代替天然水晶

（10）群体原理

大学生创新小组就是一种群体原理的运用。科学的发展使创新越来越需要发挥群体智慧才能有所建树。早期的创新多是依靠个人的智慧和知识来完成的，但随着科学技术的进步，要想"单枪匹马、独闯天下"去完成像人造卫星、宇宙飞船、空间实验室和海底实验室等大型高科技项目的开发设计工作是不可能的。这就需要创造者们能够摆脱狭窄的专业知识范围的束缚，依靠群体智慧的力量、依靠科学技术的交叉渗透，使创新活动从个体劳动的圈子中解放出来，焕发出更大的活力。

在创新活动中，创新原理是运用创造性思维，分析问题和解决问题的出发点，也是人们使用何种创造方法、采用何种创造手段的凭据。因此，掌握创新原理是人们能否取得创新成果的先决条件。但创新原理不是治疗百病的"万灵丹"，不能指望在浅涉创新原理之后，就能对创新方法了如指掌并使用自如，就能解决创新的任何问题。只有在深入学习并深刻理解创造原理的基础上，人们才有可能有效地掌握创新方法，也才有可能成功地开展创新活动。

（11）反馈原理

导入回馈以改善制程或作用进行创新。如传统无反馈的雨伞、笔等物品，可以通过反馈原理进行创新，使得传统的物品具有新的功能。反馈原理创新案例如图 1-16 所示。

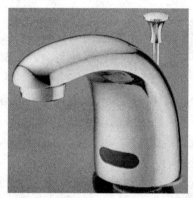

图 1-16　反馈原理创新案例——气象预报伞与感应式水龙头

1.5　头脑风暴

头脑风暴（Brain-storming）是进行创新思维训练与创新能力养成的重要方法，头脑风暴在科技创新、方式创新等多个领域具有重要的应用。掌握头脑风暴的基本方法能够有效提升创新的能力，并能够实现集体有效创新。

1.5.1　基本概念

头脑风暴法出自"头脑风暴"一词。头脑风暴最早是精神病理学上的用语，指精神病患者的精神错乱状态，现在转而为无限制的自由联想和讨论，其目的在于产生新观念或激发创新设想。头脑风暴法又称智力激励法、BS 法、自由思考法，是由美国创造学家 A. F. 奥斯本于 1939 年首次提出，1953 年正式发表的一种激发性思维的方法。此法经各国创造学研究者的实践和发展，已经形成了一个发明技法群，如奥斯本智力激励法、默写式智力激励法、卡片式智力激励法等。头脑风暴示意图如图 1-17 所示。

1.5.2 实施流程

头脑风暴力图通过一定的讨论程序与规则来保证创造性讨论的有效性，由此，讨论程序构成了头脑风暴法能否有效实施的关键因素。从程序来说，组织头脑风暴法关键在于以下几个环节。

图1-17 头脑风暴示意图

（1）确定议题

一个好的头脑风暴法从对问题的准确阐明开始。因此，必须在会前确定一个目标，使与会者明确通过这次会议需要解决什么问题，同时不要限制可能的解决方案的范围。一般而言，比较具体的议题能使与会者较快产生设想，主持人也较容易掌握；比较抽象和宏观的议题引发设想的时间较长，但设想的创造性也可能较强。

（2）会前准备

为了使头脑风暴畅谈会的效率较高，效果较好，可在会前做一点准备工作，如收集一些资料预先给大家参考，以便与会者了解与议题有关的背景材料和外界动态。就参与者而言，在开会之前，对于待解决的问题一定要有所了解。会场可作适当布置，座位排成圆环形的环境往往比教室式的环境更为有利。此外，在头脑风暴会正式开始前，还可以出一些创造力测验题供大家思考，以便活跃气氛，促进思维。

（3）确定人选

一般以8～12人为宜，也可略有增减（5～15人）。与会者人数太少不利于交流信息、激发思维，而人数太多则不容易掌握，并且每个人发言的机会相对减少，也会影响会场气氛。只有在特殊情况下，与会者的人数可不受上述限制。

（4）明确分工

要推定一名主持人，1～2名记录员（秘书）。主持人的作用是在头脑风暴畅谈会开始时重申讨论的议题和纪律，在会议进程中启发引导，掌握进程。如通报会议进展情况，归纳某些发言的核心内容，提出自己的设想，活跃会场气氛，或者让大家静下来认真思索片刻再组织下一个发言高潮等。记录员应将与会者的所有设想都及时编号，简要记录，最好写在黑板等醒目处，让与会者能够看清。记录员也应随时提出自己的设想，切忌持旁观态度。

（5）规定纪律

根据头脑风暴法的原则，可规定几条纪律，要求与会者遵守。如要集中注意力积极投入，不消极旁观；不要私下议论，以免影响他人的思考；发言要针对目标，开门见山，不要客套，也不必做过多的解释；与会者之间应相互尊重，平等相待，切忌相互褒贬等。

（6）掌握时间

会议时间由主持人掌握，不宜在会前定死。一般来说，以几十分钟为宜。时间太短与会者难以畅所欲言，太长则容易产生疲劳感，影响会议效果。经验表明，创造性较强的设想一般要在会议开始 10~15 分钟后逐渐产生。美国创造学家帕内斯指出，会议时间最好安排在 30~45 分钟。倘若需要更长时间，应把议题分解成几个小问题分别进行专题讨论。头脑风暴应用流程如图 1-18 所示。

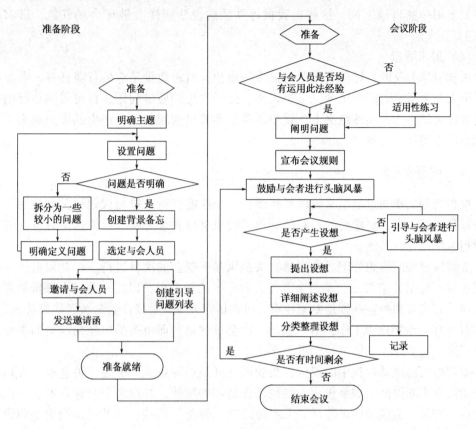

图 1-18 头脑风暴应用流程图

1.5.3 成功要点

头脑风暴法成功要点：一次成功的头脑风暴除了在程序上的要求之外，更为关键的是探讨方式、心态上的转变。概而言之，就是要进行充分的、非评价性的、无偏见的交流。具体而言，则可归纳为以下几点。

（1）自由畅谈

参加者不应该受任何条条框框限制，要放松思想，让思维自由驰骋。从不同角度、不同层次、不同方位，大胆地展开想象，尽可能地标新立异、与众不同，提出独创性的想法。

（2）延迟评判

头脑风暴必须坚持当场不对任何设想作出评价的原则。既不能肯定某个设想，又不能否定某个设想，也不能对某个设想发表评论性的意见，一切评价和判断都要延迟到会议结束以后才能进行。这样做有两个目的：一方面是为了防止评判约束与会者的积极思维；另一方面是为了集中精力先开发设想，避免把应该在后阶段做的工作提前进行，影响创造性设想的大量产生。

（3）禁止批评

绝对禁止批评是头脑风暴法应该遵循的一个重要原则。参加头脑风暴会议的每个人都不得对别人的设想提出批评意见，因为批评对创造性思维无疑会产生抑制作用。有些人习惯于用一些自谦之词，这些自我批评性质的说法同样会破坏会场气氛，影响自由畅想。

（4）追求数量

头脑风暴会议的目标是获得尽可能多的设想，追求数量是它的首要任务。参加会议的每个人都要抓紧时间多思考，多提设想。至于设想的质量问题，自可留到会后的设想处理阶段去解决。在某种意义上，设想的质量和数量密切相关，产生的设想越多，其中的创造性设想就可能越多。

1.5.4 设想处理

设想处理是指通过组织头脑风暴畅谈会，往往能获得大量与议题有关的设想，至此任务只完成了一半，更重要的是对已获得的设想进行整理分析，以便选出有价值的创造性设想来加以开发实施。

头脑风暴法的设想处理通常安排在头脑风暴畅谈会的次日进行。在此以前，主持人或记录员（秘书）应设法收集与会者在会后产生的新设想，以便一并进行评价处理。设想处理的方式有两种：一种是专家评审，可聘请有关专家及畅谈会与会者代表若干人（5人左右为宜）承担这项工作；另一种是二次会议评审，即由头脑风暴畅谈会的参加者共同举行第二次会议，集体进行设想的评价处理工作。

要避免头脑风暴过程中的误区，头脑风暴既是一种技能，也是一种艺术。头脑风暴的技能需要不断提高。如果想使头脑风暴保持高的绩效，必须每个月进行不止一次。有活力的头脑风暴会议倾向于遵循一系列陡峭的"智能"曲线，开始动量缓慢地积聚，然后非常快，接着又开始进入平缓的时期。头脑风暴主持人应该懂得通过小心地提及并培育一个正在出现的话题，让创意在陡峭的"智能"曲线阶段自由形成。头脑风暴提供了一种有效的就特定主题集中注意力与思想进行创造性沟通的方式，无论是对于学术主题探讨或日常事务的解决，完全可以并且应该根据与会者情况以及时间、地点、条件和主题的变化而有所变化，有所创新。

 任务与思考

1. 什么叫创新思维？举例分析创新思维对于大学生能力形成与发展的重要意义。
2. 创新的原则有哪些？
3. 确定一个与专业相关的创新主题，分组进行头脑风暴的全过程，并得出创新结论。
4. 收集自己感兴趣的创新产品，并用创新原理进行分析，确定创新产品所采用的创新原理有哪些。

第2章

创新理论

创新理论起源于拉丁语，原意有 3 层含义：更新、创造新的东西、改变。创新就是利用已存在的自然资源创造新事物的一种手段。目前应用较为广泛的创新理论主要有苏联科学家阿奇舒勒（G. S. Altshuller）提出的 TRIZ 理论，美籍奥地利经济学家熊彼特首先提出的技术创新理论以及创新扩散理论。创新理论对于创新的指导具有重要的意义，是创新实践的方法论以及创新能力形成的必要基础。

2.1 TRIZ 理论

2.1.1 TRIZ 的起源与发展

（1）起源

20 世纪 40 年代，苏联科学家阿奇舒勒提出：一旦我们对大量的好的专利进行分析，提炼出问题的解决模式，我们就能够学习这些模式，从而创造性地解决问题。他带领团队开始了一项伟大的研究，希望找到发明创造的方法。经过 50 多年对 250 万件专利文献加以搜集、研究、整理、归纳、提炼和重组，建立起一整套系统化、实用的解决发明问题的理论方法体系——TRIZ（发明问题解决理论）。TRIZ 理论被认为是创新的点金术，具有重要应用。

（2）发展与传播

阿奇舒勒于 1948 年写信给斯大林，但因其内容有唯心主义成分被视为异端，被判刑 25 年，流放到西伯利亚。在那里，他有机会接触许多工程师和科学家，又加以深入地思考，渐渐形成了 TRIZ 的基本格局。流放生涯结束后，阿奇舒勒定居在巴库。他办培训班培训他的学生，效果显著。戈尔巴乔夫时代，对阿奇舒勒的禁令解除，但政府发现了这套理论的价值，视为国家财富，不得外传，也不得报道。苏联解体后，他的弟子纷纷外出，把 TRIZ 法带到了德国、以色列和美国，TRIZ 法渐渐成为世界风行的一种创新设计方法。后人视阿奇舒勒为"技术系统进化"发现者，三大进化论之一。有学者把 TRIZ 译为"萃智"。

（3）应用与发展

TRIZ 法迅速在全球传播，在欧洲建有 TRIZ 协会，即 Europaeische TRIZ Association，

简称 ETRIZ。德国的斯图加特工业大学、卡塞尔工业大学和伊尔玛瑙工业大学都已开设 TRIZ 法的课程。自动化公司 Rockwell 在一位 TRIZ 法咨询师的帮助下成功地把一个刹车系统的零件由 12 件减为 4 件，同时造价下降 50%。Ford 公司从 1995 年起举办 TRIZ 法培训，已培养掌握 TRIZ 法的工程师 800 人。Ford 发动机公司为一种传动轴承探索问题的解决办法，在有负载时，该轴承经常会偏离正常工作位置。应用 TRIZ 法后产生了 28 个新的设计方案，其中一种设计很有意思地显示，这种轴承具有很小的热膨胀系数，在较高载荷而产生高温时其优点很明显，载荷越大，轴承的位置越稳定，从而解决了这个难题。在日本，三菱研究所在 1998 年开办 TRIZ 法培训班，已有超过 2000 人接受培训，产生了 100 多个达到较高水平的创新案例。

目前，TRIZ 法已在自动控制、电气与电子、航天航空、机械仪器、动力、汽车、化工制药、医疗卫生、轻工和食品等十大技术领域中发挥作用，并延伸到非技术领域。国外 TRIZ 法专家正在试图把 TRIZ 法用于管理和商业领域，并取得成果。TRIZ 法正成为全能的创新方法。由于在阿奇舒勒时代信息技术和生物技术处于初级阶段，TRIZ 法中少有表述，一些 TRIZ 法大师正在做对 TRIZ 法的完善和补充工作，如增加了技术系统工程通用参数的数量和发明创造原理的数量，把解决物理矛盾的分离原理调整为 4 个，增加了效应库中有关信息和生物技术的内容等。

中国政府从建设创新型国家这一宏伟战略目标出发，十分重视 TRIZ 法的研究、推广和应用工作。科技部、国家发展改革委、教育部和中国科协于 2008 年联合发布国科发财〔2008〕197 号文，文中 3 次提到要推广和应用 TRIZ 法。许多省份根据 197 文的要求，开展了 TRIZ 法的培训。目前 TIRZ 在中国仍然是推广阶段，各个企业对于 TIRZ 的学习与实践都在推广阶段。近几年，介绍 TRIZ 法的书籍在我国发展极快，而广大企业对此知之甚少，有必要加强 TRIZ 法的培训、推广与应用。目前 TRIZ 系统学习的网站主要有：www.triz-journal.com（美国）；www.trisolver.eu（欧洲）；www.triz-online.de（德国）；www.stenum.at（奥地利）；www.ciando.com（世界最大的电子图书零售商）；www.altschuller.ru（俄罗斯）；www.triz.gov.cn（中国）；www.iwint.com.cn（中国亿维讯）。

2.1.2　TRIZ 理论定义

① TRIZ 法是一种基于知识的方法。包括：解决发明问题启发式的知识；采用自然科学及工程技术中的效应知识；技术问题领域的知识。

② TRIZ 法是面向人的方法，而不是面向机器。

③ TRIZ 法是系统化的方法。

④ TRIZ 法是发明问题解决理论。

因此我们可以得出重要的结论：TRIZ 是基于知识的、面向设计者的创新问题解决系统化方法学，对于创新设计具有方法论层面的指导意义。

2.1.3　TRIZ 理论体系结构

阿奇舒勒和他的 TRIZ 研究机构 50 多年来提出了 TRIZ 系列的多种工具，如冲突矩阵、76 个标准解、ARIZ、AFD、物质-场分析、ISQ、DE、8 种演化类型、科学效应等。目前已经得到完善的理论体系结构，如图 2-1 所示。

（1）理论基础

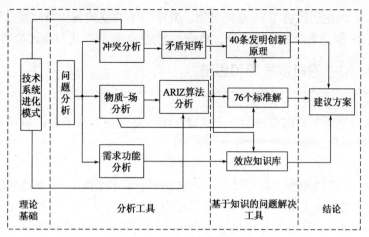

图 2-1 TRIZ 理论体系结构

技术系统的进化模式是 TRIZ 法理论的基础，该模式包含用于工程技术系统进化的基本规律，理解这些模式可以帮助人们形成对问题发展轨迹的总体概念，得到其发展前景的正确判断，从而增强人们解决问题的能力。任何领域的技术产品都与生物系统一样，存在着产生、生长、成熟、衰老和灭亡的规律，掌握了这些规律，人们就能能动地进行产品的创新设计开发，并能预测产品的未来趋势。就像伴随着人类历史发展的计算技术一样，先是算盘的发明、推广和广泛运用，达到珠算技术的成熟。但随着计算机的出现，由于技术有了革命性进展，算盘技术也就走向衰老和灭亡。计算技术的演变如图 2-2 所示。

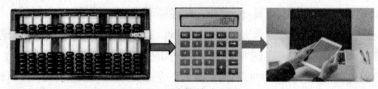

图 2-2 计算技术的演变

（2）基于知识的问题解决工具

TRIZ 理论包含了进行知识问题解决的 40 条发明创新原理，发明创新原理来源于对大量专利创新进行整理分析得出，目前所有创新的基本原理都包含在这 40 条发明原理中。40 条发明创新原理如表 2-1 所示。

表 2-1 40 条发明创新原理

序号	原理名称	序号	原理名称	序号	原理名称	序号	原理名称
1	分割	11	预先应急措施	21	紧急行动	31	多孔材料
2	抽取	12	等势性	22	变害为利	32	改变颜色
3	局部质量	13	逆向思维	23	反馈	33	同质性
4	非对称	14	曲面化	24	中介物	34	抛弃与修复
5	合并	15	动态化	25	自服务	35	参数变化
6	多用性	16	不足或超额行动	26	复制	36	相变
7	套装	17	维数变化	27	廉价替代品	37	热膨胀
8	重量补偿	18	振动	28	机械系统的替代	38	加速强氧化
9	增加反作用	19	周期性动作	29	气动与液压结构	39	惰性环境
10	预操作	20	有效运动的连续性	30	柔性壳体或薄膜	40	复合材料

同时，TRIZ 理论还包含了 76 个标准解，其中，不改变或仅少量改变已有系统 13 种，改变已有系统 23 种，系统的传递 6 种，检查与测量 17 种，简化与改进策略 17 种。

2.1.4 TRIZ 法中的科学思想和思维

（1）矛盾对立与统一

TRIZ 法认为矛盾是普遍存在的。矛盾对立统一是辩证看待矛盾的科学观点。矛盾的解决是推动系统进化的唯一途径。

（2）系统论

系统应相对其环境独立，与环境有一定的边界，保持稳定。系统得到输入量，经系统的处理，向外输出输出量。系统内部有功能组元和物理组元，物理组元是功能组元的载体，组元间网络状的联系和互动构成复杂而有序的系统，以达到最终有目的地改变输入量的目标。

（3）逻辑三法

比较分类法；归纳法，即通过归纳找到普遍规律、通过归纳提出科学的假说和猜想、通过归纳指导科学实验；分析法，即系统分析法、功能结构分析法、组成组元分析法。

2.1.5 TRIZ 法评价

优点：具有开创和突破性，结构性好，系统性强，能简便地得出解决问题的原理，内容全面，可应用于几乎所有领域，几乎人人可以学会。不足之处：提取具体问题的技术参数和把解法原理转化为针对具体问题的方案需要人的专业知识和经验。TRIZ 法主要适用于概念设计，不涉及或很少涉及具体的度量。局限性：TRIZ 法采用一整套独特的科学思想和方法，人们要经过一定的学习和培训才能掌握 TRIZ 法。可推广性：TRIZ 法是迄今为止适用于各种年龄段和多种知识层面人的创新方法。德国、美国和日本的学者也形成过各具特色的创新方法，但都只适用于有经验的、掌握较高知识的工程技术人员。TRIZ 法为创新活动的普及，为创新活动积极分子相互的交流、促进和提高提供了良好的工具和平台。

2.1.6 物理矛盾与技术矛盾解决原理

（1）矛盾的概念及分类

矛盾普遍存在于各种产品或技术系统中。技术系统进化过程就是不断解决系统所存在矛盾的过程。矛盾类型归纳如图 2-3 所示。

（2）物理矛盾及其解决原理

所谓物理矛盾，是指为了实现某种功能，一个子系统或元件应具有某种特性，但该特性出现的同时会产生与此相反的不利或有害的后果。物理矛盾一般来说有两种表现：一是系统中有害性能降低的同时导致该系统中有用性能的降低；二是系统中有用性能增强的同时导致该系统中有害性能的增强。如飞机的机翼大小，起飞时候希望机翼大，而在飞行的时候希望机翼小；再如手机

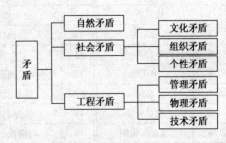

图 2-3 矛盾类型归纳

大小，为了携带便利，希望手机体积小，但是在使用过程中则希望显示屏和键盘大。常见的物理矛盾如表 2-2 所示。

表 2-2　常见的物理矛盾

类别	物 理 矛 盾			
几何类	长与短 圆与非圆	对称与非对称 锋利与钝	平行与交叉 窄与宽	厚与薄 水平与垂直
材料类	多与少	宽度大与小	导热系统高与低	温度高与低
能量类	时间长与短	黏度高与低	功率大与小	摩擦系数大与小
功能类	喷射与堵塞 运动与静止	推与拉 强与弱	冷与热 软与硬	快与慢 成本高与低

常见物理矛盾解决的案例如下。

 案例 2-1　矛盾特性的空间分离

用齿形带进行运动传递可降低因齿轮啮合运动产生的噪声，如图 2-4 所示。

 案例 2-2　矛盾特征的时间分离

折叠式自行车在行走时体积大，在储存时因折叠体积变小，如图 2-5 所示。

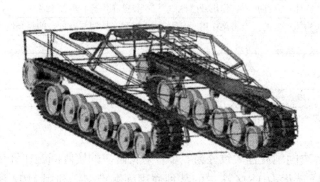

图 2-4　齿形带传动　　　　　　　　图 2-5　折叠式自行车

 案例 2-3　由于工作条件变化使系统从一种状态向另一种状态过渡

形状记忆合金管接头在低温下很容易安装，而常温下不会松开，如图 2-6 所示。

（3）技术矛盾及其解决原理

技术矛盾表现为：在一个子系统中引入一种有用功能后，会导致另一子系统产生一种有害功能，或加强了已存在的一种有害功能；一种有害功能会导致另一子系统有用功能的削弱；有用功能的加强或有害功能的削弱使另一子系统或系统变得复杂。TRIZ 法通过对百万件专利的详细研究，提出用 39 个通用工程参数来描述技术矛盾。在实际应用时，首先要把组成矛盾双方的性能用该 39 个通用工程参数来表示，这样就将实际工程技术中的矛盾转化为一般的标准的技术矛盾。TRIZ 提出的 39 个工程参数，如图 2-7 所示。

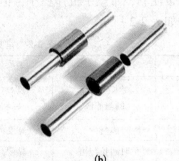

(a)　　　　　　　　　　　　　(b)

图 2-6　形状记忆合金管接头

物理和几何参数	技术负向参数	技术正向参数
01 运动物体的质量	15 运动物体的耐久性（实用时间）	13 结构的稳定性
02 静止物体的质量	16 静止物体的耐久性（实用时间）	14 强度
03 运动物体的尺寸	19 运动物体消耗的能量	26 测量精度
04 静止物体的尺寸	20 静止物体消耗的能量	27 可靠性
05 运动物体的面积	22 能量的损失	29 制造（加工）的精度
06 静止物体的面积	23 物质（材料）的损失	32 可制造性（易加工性）
07 运动物体的体积	24 信息的遗漏（损失）	33 可操作性（易使用性）
08 静止物体的体积	25 时间的损失	34 易维修性
09 速度	28 物质（材料）的数量	35 适应性（通用性）
10 力	30 （物体对外部）有害作用敏感性	36 装置（构造）的复杂性
11 应力/压强	31 （物体产生的）有害副作用	37 控制（检测与测量）的复杂性
12 形状		38 自动化程度
17 温度		39 生产率
18 物体明亮度（光照度）		
21 功率		

图 2-7　TRIZ 理论 39 个工程参数

（4）矛盾矩阵及应用

① 矛盾矩阵的构造。TRIZ 法解决问题流程大致分为 4 步：对待解决的实际问题作详尽的分析并提取存在的矛盾；将该矛盾转化为 TRIZ 法中的某种通用问题模型；利用 TRIZ 法工具得到 TRIZ 法提供的通用形式的解；把 TRIZ 解具体化为针对该实际问题的具体解。

矛盾矩阵是用 39 个通用工程特征参数组成的 39×39 正方矩阵。该矩阵的行是按 39 个通用工程特性参数依次排列，代表工程参数需要改善的一方；该矩阵的列也是按 39 个通用工程特性参数依次排列，代表工程参数可能引起恶化的一方。矩阵元素用 M_{i-j} 表示，其下标 i 表示该元素的行数，下标 j 表示该元素的列数。矛盾矩阵应用举例如表 2-3 所示。

表 2-3　矛盾矩阵应用举例

恶化的参数 改善的参数	㉜可制造性	㉝操作流程的方便性	㉞可维修性	㉟适应性，通用性	㊱系统的复杂性
①运动物体的重量	27, 28, 1, 36	35, 3, 2, 24	2, 27, 28, 11	29, 5, 15, 8	26, 30, 36, 34
②静止物体的重量	28, 1, 9	6, 13, 1, 32	2, 27, 28, 11	19, 15, 29	1, 10, 26, 39
③运动物体的长度	1, 29, 17	15, 29, 35, 4	1, 23, 10	14, 15, 1, 16	1, 19, 26, 24
④静止物体的长度	15, 17, 27	2, 25	3	1, 35	1, 26

恶化的参数 改善的参数	㉜可制造性	㉝操作流程的 方便性	㉞可维修性	㉟适应性, 通用性	㊱系统的复杂性
⑤运动物体的面积	13, 1, 26, 24	15, 17, 13, 16	15, 13, 10, 1	15, 30	14, 1, 13
⑥静止物体的面积	40, 16	16, 4	16	15, 16	1, 18, 36
⑦运动物体的体积	29, 1, 40	15, 13, 30, 12	10	15, 29	26, 1
⑧静止物体的体积	35		1		1, 31
⑨速度	35, 13, 8, 1	32, 28, 13, 12	34, 2, 28, 27	15, 10, 26	10, 28, 4, 34
⑩力	15, 37, 18, 1	1, 28, 3, 25	15, 1, 11	15, 17, 18, 20	26, 35, 10, 18
⑪应力压强	1, 35, 16	11	2	35	19, 1, 35
⑫形状	1, 32, 17, 28	32, 15, 26	2, 13, 1	1, 15, 29	16, 29, 1, 28
⑬稳定性	35, 19	32, 35, 30	2, 35, 10, 16	-35, 30, 34, 2	2, 35, 22, 26

由于矛盾不可能由自身造成,行与列号相同 ($i=j$) 的矩阵元素 M_{i-j} 为空集,用"+"表示;若 $i≠j$ 时,矩阵元素为空集,指这两个特征参数间不构成矛盾,或是存在矛盾但尚未找到适合的解,用"-"号表示;若 $i≠j$ 时,矩阵元素 M_{i-j} 为非空集,其数值为解决所在的行与列通用工程特征参数所产生的技术矛盾的相关发明创新原理的编号,可在技术矛盾矩阵表中找到。

② 技术矛盾矩阵的应用。

第一步,分析问题,找出可能存在的技术矛盾,最好能用动宾结构的词来表示矛盾。

第二步,针对具体问题确认一到几对技术矛盾,并将矛盾的双方转换成技术领域的有关术语,进而根据有关术语在 TRIZ 提供的 39 个通用工程特性参数中选定相应的工程参数。

第三步,按照相矛盾的通用工程参数编号 i 和 j,在矛盾矩阵中找到相应的矩阵元素 M_{i-j},该矩阵元素值表示 40 条发明创新原理的序号,按照该序号找出相应的原理供下一步使用。

第四步,根据已找到的发明创新原理,结合专业知识,寻找解决问题的方案。一般情况下,解决某技术矛盾的发明原理不止一条,应该对每一条相应的原理作解决技术矛盾方案的尝试。

第五步,如果第四步的努力没有取得较好的效果,就要考虑初始构思的技术矛盾是否真正表达了问题的本质,是否真正反映了针对问题创新改进的方向。应重新设定技术矛盾,并重复上述工作。

 案例2-4 开启果壳

分析:取杏仁时必须去壳,现采用锤砸或用机械方式压碎,虽然能够大量生产但杏仁的完整性会受到破坏。

查 39 个通用工程参数,得出 32 (可制造性) 和 12 (形状) 之间有技术矛盾。TRIZ 法求解:查 39×39 矛盾矩阵,得出可用的发明创新原理为 1 (分割与切割)、28 (机械系统的替代)、13 (反向) 和 27 (用廉价而寿命短的替代昂贵而寿命长的物体)。

分析改进的具体技术方案:分割意味着要把壳完全分开,机械系统的替代意味着要用另一种系统，反向意味着应从里向外加力。在密闭容器内加入高压空气，突然降压，杏仁内的空气膨胀，立刻打开杏仁壳。为了得到高压，可用高压空气，也可加热容器使气压升高。

类似的技术问题：开鸡蛋壳、开蚕豆壳、开核桃。

 案例2-5 防弹衣

纤维织成的防弹衣用于保护执法人员和军事人员免于遭受手枪子弹的袭击。

纤维织成的防弹衣由于有多层纤维结构层，具有层叠式结构。纤维在结构层内相互以适当的角度定向排列。为了使纤维织成的防弹衣具有足够的防护能力，这种防弹衣必须具有足够的厚度，增加防弹衣的厚度会使其重量增加，灵活性降低。此外，使用这种厚厚的防弹衣的人员也不能充分通风。换句话说，较厚的防弹衣穿着时不太方便。新型防弹衣如图2-8所示。

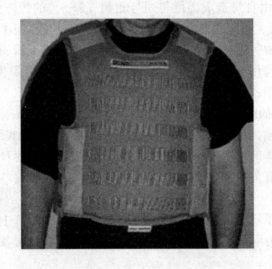

图2-8 新型防弹衣

由此定义技术矛盾：增加运动物体的长度（防弹衣的厚度）会降低操作流程的方便性（防弹衣的舒适性）。

通过查询 39×39 矛盾矩阵，得知可能的解集是 $M_{3-33} = [15, 29, 35, 4]$ 四个发明创新原理。应用第4号增加不对称性原理，将物体的对称形式变为不对称形式。使防弹衣的纤维呈不对称定向排列。每层纤维以相对于前一层作20°~70°范围的不同角度旋转，将纤维织各层间制造成定向转动的排列形式。沿子弹飞行方向排列的大部分纤维可以确保防弹衣在受子弹冲击的方向具有更高的强度，防弹衣的厚度和重量减小了。

通过减小防弹衣的厚度提高了其舒适性，同时不会降低防弹衣的保护效果。

案例2-6 飞机机翼的变革

应用背景：早期的飞机机翼都是平直的，如图2-9所示。

最初是矩形机翼，很容易制作，但由于其翼端宽，会给飞机带来阻力，严重地影响了飞机的飞行速度。之后开发出梯形翼，大大增加了飞机速度。然后，西方发达国家的

图 2-9　早期的飞机机翼

喷气式飞机先后上天。飞机开始进入喷气式时代，其飞行速度迅速提高，很快接近声速。此时机翼上出现"激波"，使机翼表面的空气压力发生变化。但是同时飞机阻力骤然剧增，比低速飞行时大十几倍，甚至几十倍，这就是所谓的"声障"。为了突破"声障"，许多国家都在研制新型机翼。

德国人发现，把机翼做成向后掠的形式，像燕子的翅膀一样，可以延迟"激波"的产生，缓和飞机接近声速时的不稳定现象。但是，向后掠的机翼比不向后掠的平直机翼，在同样的条件下产生的升力小，这给飞机的起飞、着陆和巡航都带来了不利的影响，浪费了很多燃料。那么，能否设计一种适应各种飞行速度，具有快慢兼顾特点的机翼呢？这成为当时航空界面临的最大课题。

下面我们使用技术矛盾来分析该问题。

速度提高和运动物体能耗增加之间的矛盾为 $M_{9-19} = [8，15，35，38]$，综合考虑后，选择以下两条发明创新原理。

原理15：动态化。

原理35：参数变化。

改变飞机的飞行形态，即在不同的飞行状态下得到不同的气动外形，可以在很大程度上节约不必要的能耗。根据原理35物体的参数变化结合原理15动态性给出的启示，将飞机的机翼做成活动部件。起飞和降落过程中使用平直翼，在低速飞行中可得到较大的升力，从而缩短跑道的长度，借此节约了能量；而高速飞行过程使用三角翼可以轻易地突破声障，减轻机翼的受力，提高飞机在高速飞行时的强度，也降低了能量的消耗。

实际应用中，设计者成功设计了这种在当时是新型的F111变后掠翼战斗轰炸机，这是世界第一架应用变后掠翼设计思想的飞机，而世界战机家族又多了"变后掠翼战斗机"这个新成员。F111战斗机处在起飞阶段，机翼呈平直状，获得较大的升力，良好的低速特性，从而有效地解决了飞机在低速度状态下速度与能量之间的矛盾。F111在云层之上高速飞行时，两翼后掠，减小阻力，从而减小了能耗，延迟"激波"的产生，缓和飞机接近声速时的不稳定现象，使飞机能够达到更高的速度。该飞机可在不同的速度之下采用不同的后掠角，以适应当前的飞行速度。

📚 案例2-7　钣金件零件

图2-10所示为某一钣金件零件图，在折弯前其展开图如图2-10（b）所示。折弯加工时，由于拐角处会产生局部的塑性变形，其尺寸 $(H-P)$ 很难保证。应用 TRIZ 法，

分析找出该技术矛盾的一对工程参数，由矛盾矩阵找出解决问题的相应发明创新原理，再求具体解。

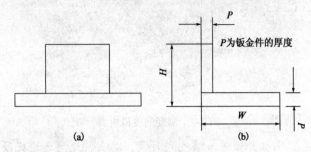

图 2-10　钣金件零件图

　　首先考虑到该钣金件的形状是其重要的工程特征，对照 39 个通用工程参数，其序号为 12。在折弯加工过程中，由于变形尺寸不易保证，其通用工程参数为 32 号，即可制造性。第 12 和第 32 通用工程参数构成本问题的一对技术矛盾，在矛盾矩阵中找到第 12 行第 32 列矩阵元素，得 $M_{12-32} = [1, 17, 32, 28]$，其相应的发明创新原理分别为 1 号分割与切割、17 号维数变化、32 号颜色变化、28 号机械系统替代。分析该工程实际问题，第 32 号和第 28 号发明创新原理与本问题无关，拟采用 1 号和 17 号发明创新原理来解决本问题。

　　如图 2-11 所示，通过局部切除部分材料方法，对钣金件展开图拐角处切割斜槽，避免折弯过程中拐角处材料塑性变形所导致的尺寸精度的变化，以此解决了本问题的技术矛盾。

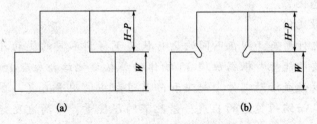

图 2-11　钣金件改进前后展开图对比

 案例 2-8　清除飞机跑道上的积雪

　　分析问题：下大雪后，要及时清除飞机跑道上的积雪。传统上消除道路上的积雪可采用加助融剂的方法，但此法不适于飞机跑道，因为雪融化后的水分会对飞机在跑道上的行驶安全构成威胁。如图 2-12 所示，可以用装在汽车上的强力鼓风机产生的空气流来驱赶积雪，但积雪量大的时候效果并不明显，必须加大气流的流量和压力，需要大的动力。传统除雪设备工作原理如图 2-12 所示。

　　TRIZ 法提供了 40 条发明创新原理，可以不强求构造矛盾对，而直接从 40 条发明创新原理中寻找答案。联想比较目前经常见到的铲除物件的办法，如用冲击钻开挖马路路面，用嘴突然吹气去除理发后留在颈项上的头发，用手拍打地毯去除地毯中的灰尘，可采用 40 条发明创新原理中的第 19 条"周期性作用原理"来实现创新设计。只要在鼓风机上加装脉冲装置，使空气按脉冲方式喷出，就能有效地把积雪吹离跑道。还可以优化选用最佳的脉冲频率、空气压力和流量。工程实践证明，脉冲气流除雪效率是连续气流除雪的两倍。改进后的新型除雪设备工作原理如图2-13所示。

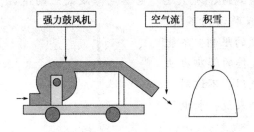 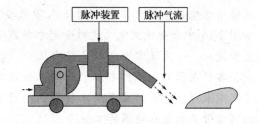

图2-12 传统除雪设备工作原理　　　　图2-13 改进后的新型除雪设备工作原理

 案例2-9　折叠嵌套拖鞋

应用背景： 经常出差、旅行的人们希望能自带一双合脚的拖鞋，但由于拖鞋形状的问题，放置于旅行箱很占地方。需要改善的通用工程参数是8静止物体的体积，即拖鞋的体积要小。会损害的通用工程参数为12物体的形状。查技术矛盾解决矩阵表得到解决方法为 M_{8-12} = [7, 2, 35]，即发明创新原理：原理7嵌套原理；原理2分离与分开原理；原理35参数变化原理。尝试原理7。根据该原理，考虑让拖鞋突出部分嵌套进拖鞋主体部分（即鞋底）。

图2-14所示为日本某设计师设计的便携拖鞋。在组装之前，拖鞋与普通鞋垫没什么区别，可以很方便地塞进旅行箱，带上五六双也没有问题。在使用时，只要将两头微微翘起的环状边缘向内拉起并扣在一起，一双漂亮的拖鞋瞬间就现身了。

 案例2-10　医药箱版瑞士军刀

应用背景： 瑞士军刀利用的是合并、折叠嵌套等多用途设计理念，对应40条发明创新原理的第5条"合并原理"和第7条"嵌套原理"。同理，可以设计一套新型的紧急医疗用"瑞士军刀"。只要将其部件一一打开，你就会发现这原来是一款微型医药箱——创可贴、急救药丸、消毒喷雾和哨子，小小的空间一点也不浪费，满满当当。正如该产品广告中所写："移除的是刀光剑影的锋利，留下的是满满的爱与和平。"医药版瑞士军刀如图2-15所示。

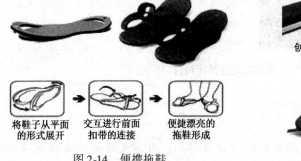 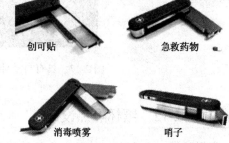

图2-14　便携拖鞋　　　　　　图2-15　医药版瑞士军刀

图 2-16 电源线长度限制
导致使用不便

案例 2-11 自动伸缩的面板插座

应用背景：在日常生活中，有不少人都遇到过插座太远、电器电源线太短的情况，在使用电吹风、笔记本电脑时给人带来姿势或移动的不便。如图 2-16 中女士使用电吹风时受到电源线长度的限制，不能方便使用，并且还需留意以免扯出插头。最直接的解决办法是把各种电器的电源线都加长，保证长距离使用。不过对生产厂家来说，电器的生产成本将提高；对用户来说，长电源线可能带来放置和使用的不便。

尝试用 TRIZ 法来解决此问题。即如果希望改善参数 33——可操作性，将导致参数 26——物质或事物的数量消耗增多。查技术矛盾矩阵表得解决方法 M_{33-26} = [12，35]。发明创新原理 12 为等势性原理，在此很难用上；发明创新原理 35 为参数变化原理，包括长度、温度、固液气三态等参数的变化。

我们还可以从另一角度来构思原有装置的矛盾对，如果添加一个多孔有线插座，也能解决问题，即改善参数 35——适应性及多样性，但同时导致参数 36——装置的复杂性增加不少，查技术矛盾矩阵列表得解决方法 M_{35-36} = [15，29，37，28]。其中的发明创新原理 15 为动态化原理，根据该原理也可以联想到让插座变得伸缩自如。综合两个矛盾对，可以采取发明创新原理 35 参数变化和发明创新原理 15 动态化的结合来解决矛盾。图 2-17 所示为按发明创新原理 35、15 重新设计的插座。

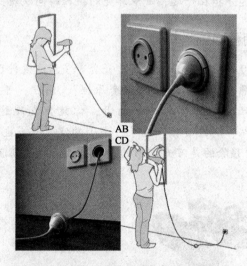

图 2-17 具有自动伸缩功能的插座设计与应用

案例 2-12 纸杯隔热设计

应用背景：由于人们对卫生条件的重视程度日益增加，日常生活中一次性纸杯的使用率越来越高。虽然方便，但在装满开水时这种杯子就会变得烫手难端，比较不好用。有些厂家为了解决此问题，便在设计纸杯时给纸杯加上了手柄（图 2-18 中 A）。这样的确使装有开水的纸杯变得容易端了，但同时大大增加了成本，并且由于不好叠放，给纸杯的包装和运输增添了难度。

有没有一种既方便实用又好看的解决方法呢？现用 TRIZ 法来分析一下。要改善的通用工程参数是 17 温度，即希望在温度较高的情况下实现人抓起杯子的操作，让人能喝到可口的饮料。同时会损害的通用工程参数是 36 装置的复杂性，如上面所述的纸杯上加装手柄。查技术矛盾矩阵得解决方案为 $M_{17-36} = [2, 17, 16]$，即发明创新原理：原理 2 分离与分开原理；原理 17 维数变化原理；原理 16 不完全达到或者超过的作用原理。原理 16 在此很难适用。综合应用原理 2 和原理 17 就可以通过增加装置的层数，相当于增加维数，同时将纸杯与人手接触的部分分离，既不烫手又方便端持。对应的有 3 种设计：第一种是杯托法（图 2-18 中 B）；第二种是加套法（图 2-18 中 C）；第三种是加柄法（图 2-18 中 D）。

图 2-18　隔热杯的设计方案

2.1.7　技术系统进化八大法则

（1）完备性法则

一个完整的技术系统必须包括以下 4 个部分：动力装置、传输装置、执行装置、控制装置，缺少其中任何一个部件都不能形成完整的技术系统，在系统中缺少其中任何一个部件，系统都无法生存。完整的技术系统如图 2-19 所示。

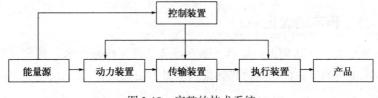

图 2-19　完整的技术系统

 案例 2-13　帆船运输系统设计

帆船运输系统必须以风能作为能量的来源，其中具有动力装置帆，有传动装置以及执行装置，最后推动帆船行驶，在整个运行过程中，水手借助于控制装置——舵进行方向以及航速的控制，保证帆船的安全稳定行驶。帆船运输系统如图 2-20 所示。

（2）能量传递法则

技术系统实现功能的必要条件：能量必须能够从能量源流向技术系统的所有元件。

技术系统应该沿着使能量流动路径缩短的方向进化，以减少能量损失。如果某个元件接收不到能量，就不能发挥作用，这会影响到技术系统的整体功能。

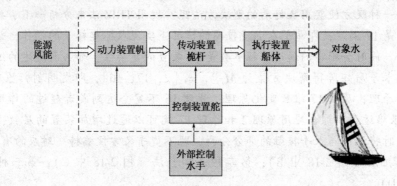

图 2-20　帆船运输系统

案例 2-14　手摇绞肉机替代菜刀

用刀片旋转运动代替刀的垂直运动，能量传递路径缩短，能量损失减少，提高了效率。手摇绞肉机替代菜刀如图 2-21 所示。

图 2-21　手摇绞肉机替代菜刀

（3）协调性法则

技术系统是沿着各个子系统之间更协调的方向进化，这也是整个技术系统能发挥其功能的必要条件。子系统间的协调性主要表现在结构上的协调、各性能参数之间的协调、工作节奏或频率上的协调。

案例 2-15　积木的优化

积木玩具的进化——结构上的协调。早期：只能摆、搭的积木。现代：可自由组合的玩具，随意合成不同的形状。积木的优化案例如图 2-22 所示。

图 2-22　积木的优化案例

案例2-16　网球拍——各性能参数的协调

网球拍重量与力量的协调：较轻的球拍更灵活，较重的球拍能产生更大的挥拍力量，因此需要考虑两个性能参数的协调。将球拍整体重量降低，提高了灵活性，同时增加球拍头部的重量，保证了挥拍的力量。网球拍优化如图2-23所示。

图2-23　网球拍优化

 案例2-17　混凝土浇筑——工作节奏/频率上的协调

建筑工人在混凝土浇筑施工中，为提高质量，总是一边灌混凝土，一边用振荡器进行振荡，使混凝土由于振荡的作用而变得更紧密、结实。混凝土浇筑如图2-24所示。

图2-24　混凝土浇筑——工作节奏/频率上的协调

（4）提高理想度法则

最理想的技术系统：作为物理实体它并不存在，但却能够实现所有必要的功能。技术系统是沿着提高其理想度，向最理想系统的方向进化。提高理想度法则是所有进化法则的方向。提高理想度的途径：提高有益的参数，降低有害的参数，提高有益参数的同时降低有害参数。

 案例2-18　手机的进化

第一部手机：1973年诞生，重800g，功能仅为电话通信。现代手机：重仅几十克，功能可超过100种，包括通话、游戏、MP3、照相等，手机的快速进化如图2-25所示。

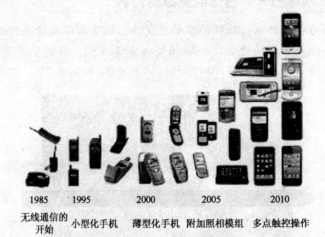

1985	1995	2000	2005	2010
无线通信的开始	小型化手机	薄型化手机	附加照相模组	多点触控操作

图2-25　手机的快速进化

（5）动态性和可控性进化法则

技术系统应该沿着结构柔性、可移动性、可控制性增加的方向进化。动态性法则有以下3个子法则：提高柔性法则、提高可移动性法则、提高可控性法则。

📚 案例2-19　清扫工具的进化

清扫工具早期是由人工进行清扫，劳动强度大，但是同时清扫效果欠佳，需要人工进行操作，根据动态性和可控性进化法则，清扫工具进化出很多不同分类。清扫工具的进化如图2-26所示。

图2-26　清扫工具的进化

（6）子系统不均衡进化法则

任何技术系统所包含的各个子系统都不是同步、均衡进化的，每个子系统都是沿着自己的S曲线发展，这种不均衡的进化常常导致子系统之间出现矛盾。整个技术系统的进化速度取决于系统中最"慢"的那个子系统的进化速度，如在自行车系统中，自行车的速度受传动装置限制，如图2-27所示。

图2-27　自行车系统

（7）向微观级进化法则

技术系统是沿着减小其元件尺寸的方向进化的。最初，技术系统在宏观级别是进化的，当资源耗尽时，就开始在微观级别进化。进化路径是：首先提高物质的可分性和分散物质的组合性；其次提高混合物质（空隙＋物质）的可分性，运用毛细现象和多孔材料；最后用场代替物质，向"场＋物质"或场转变。电子器件的发展遵循了向微观级进化法则。电子器件的发展如图2-28所示。

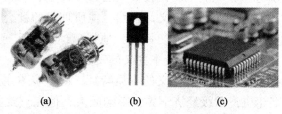

（a） （b） （c）

图2-28 电子器件的发展

（8）向超系统进化法则

技术系统沿着以下路线进化：单系统→双系统→多系统。当技术系统进化到极限的时候，系统中实现某项功能的子系统会从系统中剥离出来，转移到超系统中，成为超系统的一部分。在该子系统的功能得到增强的同时，也简化了原有的技术系统。现代空中加油技术就是向超系统进化法则的典型案例，空中加油机系统如图2-29所示。

图2-29 空中加油机系统

2.2 技术创新理论

2.2.1 技术创新理论概述

人们对创新概念的理解最早主要是从技术与经济相结合的角度，探讨技术创新在经济发展过程中的作用，主要代表人物是现代创新理论的提出者约瑟夫·熊彼特。独具特色的创新理论奠定了熊彼特在经济思想发展史研究领域的独特地位，也成为他经济思想发展史研究的主要成就。

熊彼特认为，所谓创新，就是要"建立一种新的生产函数"，即"生产要素的重新组合"，就是要把一种从来没有的关于生产要素和生产条件的"新组合"引进到生产体系中去，以实现对生产要素或生产条件的"新组合"；作为资本主义"灵魂"的"企业家"的职能就是实现"创新",引进"新组合"。所谓"经济发展",就是指整个资本主义社会不断地实现这种"新组合",或者说资本主义的经济发展就是这种不断创新的结果;而这种"新组合"的目的是获得潜在的利润,即最大限度地获取超额利润。周期性的经济波动正是起因于创新过程的非连续性和非均衡性,不同的创新对经济发展产生不同的影响,由此形成时间不同的经济周期;资本主义只是经济变动的一种形式或方法,它不可能是静止的,也不可能永远存在下去。当经济进步使得创新活动本身降为"例行事物"时,企业家将随着创新职能减弱,投资机会减少而消亡,资本主义不能再存在下去,社会将自动地、和平地进入社会主义。当然,他所理解的社会主义与马克思、恩格斯所理解的社会主义具有本质性的区别。因此,他提出,"创新"是资本主义经济增长和发展的动力,没有"创新",就没有资本主义的发展。

熊彼特以"创新理论"解释资本主义的本质特征,解释资本主义发生、发展和趋于灭亡的结局,从而闻名于资产阶级经济学界,影响颇大。他在《经济发展理论》一书中提出"创新理论"以后,又相继在《经济周期》和《资本主义、社会主义和民主主义》两书中加以运用和发挥,形成了以"创新理论"为基础的独特的理论体系。"创新理论"的最大特色就是强调生产技术的革新和生产方法的变革在资本主义经济发展过程中的至高无上的作用。但在分析中,他抽掉了资本主义的生产关系,掩盖了资本家对工人的剥削实质。

根据创新浪潮的起伏,熊彼特把资本主义经济的发展分为3个时期:①1787—1842年是产业革命发生和发展时期;②1842—1897年为蒸汽和钢铁时代;③1898年以后为电气、化学和汽车工业时代。第二次世界大战后,许多著名的经济学家也研究和发展了创新理论,20世纪70年代以来,门施、弗里曼、克拉克等用现代统计方法验证熊彼特的观点,并进一步发展创新理论,被称为"新熊彼特主义"和"泛熊彼特主义"。进入21世纪,在信息技术推动下,知识社会的形成及其对创新的影响进一步被认识,科学界进一步反思对技术创新的认识,创新被认为是各创新主体、创新要素交互复杂作用下的一种复杂涌现现象,是创新生态下技术进步与应用创新的创新双螺旋结构共同演进的产物。关注价值实现、关注用户参与的以人为本的创新2.0模式也成为新世纪对创新重新认识的探索和实践。

2.2.2 创新的五种情况

熊彼特进一步明确指出了"创新"的5种情况。

第一,采用一种新的产品,也就是消费者还不熟悉的产品,或一种产品的一种新的特性。如可以咀嚼的新型饮料,如图2-30所示。

第二,采用一种新的生产方法,也就是在有关的制造部门中尚未通过经验检定的方法,这种新的方法不需要基于新的科学原理或者新的科学发现,并且,也可以存在于商业上处理一种产品的新的方式之中。工业产品二甲醛的新生产方案如图2-31所示。

第三,开辟一个新的市场,也就是有关国

图2-30 可以咀嚼的新型饮料

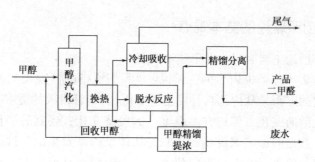

图 2-31　二甲醛的新生产方案

家的某一制造部门以前不曾进入的市场，不管这个市场以前是否存在过。高铁拓展非洲市场如图 2-32 所示。

图 2-32　高铁拓展非洲市场

第四，掠取或控制原材料或半制成品的一种新的供应来源，不论这种来源是已经存在的，还是第一次创造出来的。

第五，实现任何一种工业的新的组织，比如造成一种垄断地位（如通过"托拉斯化"），或打破一种垄断地位。图 2-33 为美国钢铁、石油托拉斯漫画。

图 2-33　美国钢铁、石油托拉斯漫画

后来人们将他这一段话归纳为 5 个创新，依次对应产品创新、技术创新、市场创新、资源配置创新、组织创新，而这里的"组织创新"也可以看成是部分的制度创新，当然仅仅是初期的狭义的制度创新。

2.2.3 熊彼特创新理论的基本观点

熊彼特的创新理论主要有以下几个基本观点。

第一，创新是生产过程中内生的。他说："我们所指的'发展'只是经济生活中并非从外部强加于它的，而是从内部自行发生的变化。"尽管投入的资本和劳动力数量的变化能够导致经济生活的变化，但这并不是唯一的经济变化；还有另一种经济变化，它是不能用从外部加于数据的影响来说明的，它是从体系内部发生的。这种变化是引起那么多的重要经济现象的原因，所以，为它建立一种理论似乎是值得的。这种经济变化就是"创新"。

第二，创新是一种"革命性"变化。熊彼特曾作过这样一个形象的比喻：你不管把多大数量的驿路马车或邮车连续相加，也决不能得到铁路。"而恰恰就是这种'革命性'变化的发生，才是我们要涉及的问题，就是在一种非常狭窄和正式的意义上的经济发展的问题。"这就充分强调创新的突发性和间断性的特点，主张对经济发展进行"动态"性分析研究。

第三，创新同时意味着毁灭。一般来说，"新组合并不一定要由控制创新过程所代替的生产或商业过程的同一批人去执行"，即并不是驿路马车的所有者去建筑铁路，而恰恰相反，铁路的建筑意味着对驿路马车的否定。所以，在竞争性的经济生活中，新组合意味着对旧组织通过竞争而加以消灭，尽管消灭的方式不同。如在完全竞争状态下的创新和毁灭往往发生在两个不同的经济实体之间；而随着经济的发展，经济实体的扩大，创新更多地转化为一种经济实体内部的自我更新。

第四，创新必须能够创造出新的价值。熊彼特认为，先有发明，后有创新；发明是新工具或新方法的发现，而创新是新工具或新方法的应用。"只要发明还没有得到实际上的应用，那么在经济上就是不起作用的。"因为新工具或新方法的使用在经济发展中起到作用，最重要的含义就是能够创造出新的价值。把发明与创新割裂开来，有其理论自身的缺陷；但强调创新是新工具或新方法的应用，必须产生出新的经济价值，这对于创新理论的研究具有重要的意义。所以，这个思想为此后诸多研究创新理论的学者所继承。

第五，创新是经济发展的本质规定。熊彼特力图引入创新概念以便从机制上解释经济发展。他认为，可以把经济区分为"增长"与"发展"两种情况。所谓经济增长，如果是由人口和资本的增长所导致的，并不能称作发展。"因为它没有产生在质上是新的现象，而只有同一种适应过程，像在自然数据中的变化一样。""我们所意指的发展是一种特殊的现象，同我们在循环流转中或走向均衡的趋势中可能观察到的完全不同。它是流转渠道中的自发的和间断的变化，是对均衡的干扰，它永远在改变和代替以前存在的均衡状态。我们的发展理论只不过是对这种现象和伴随它的过程的论述。"所以，"我们所说的发展，可以定义为执行新的组合。"这就是说，发展是经济循环流转过程的中断，就是实现了创新，创新是发展的本质规定。

第六，创新的主体是"企业家"。熊彼特把"新组合"的实现称之为"企业"，那么以实现这种"新组合"为职业的人们便是"企业家"。因此，企业家的核心职能不是经营或管理，而是看其是否能够执行这种"新组合"。这个核心职能又把真正的企业家活动与其他活动区别开来。每个企业家只有当其实际上实现了某种"新组合"时才是一个名副其实的企业家。这就使得"充当一个企业家并不是一种职业，一般来说也不是一种持久的状况，所以企业家并不形成一个从专门意义上讲的社会阶级。"熊彼特对企业家的这种独特的界定，其目的在于突出创新的特殊性，说明创新活动的特殊价值。但是，以能否实际实现某种"新组合"作为企业家的内在规定性，这就过于强调企业家的动态性，这不仅给研究创新主体问题带来困难，而且在实际生活过程中也很难把握。

学术界在熊彼特创新理论的基础上开展了进一步地研究，使创新的经济学研究日益精致和专门化，仅创新模型就先后出现了许多种，其代表性的模型有：技术推动模型、需求拉动模型、相互作用模型、整合模型、系统整合网络模型等，构建起技术创新、机制创新、创新双螺旋等理论体系，形成关于创新理论的经济学解释。

按照熊彼特的观点和分析，所谓创新就是建立一种新的生产函数，把一种从来没有过的关于生产要素和生产条件的新组合引入生产体系。在熊彼特看来，作为资本主义"灵魂"的企业家的职能就是实现创新，引进新组合。所谓经济发展，就是指整个资本主义社会不断地实现新组合。资本主义就是这种"经济变动的一种形式或方法"，即所谓"不断地从内部革新经济结构"的"一种创造性的破坏过程"。

在熊彼特假定存在的一种所谓循环运行的均衡情况下，不存在企业家，没有创新，没有变动和发展，企业总收入等于总支出，生产管理者所得到的只是"管理工资"，因而不产生利润，也不存在资本和利息。只有在他所说的实现了创新的发展的情况下，才存在企业家和资本，才产生利润和利息。这时，企业总收入超过总支出，这种余额或剩余就是企业家利润，是企业家由于实现了新组合而应得的合理报酬。资本的职能是为企业家进行创新提供必要的支付手段，其所得利息便是从企业家利润中偿付的，如同对利润的一种课税。在这个创新理论中，人们只能看到生产技术和企业组织的变化，而资本主义的基本矛盾和剥削关系则完全看不见了。

2.2.4 技术创新的政策环境

（1）创新政策的内涵与演进

英国的政策专家罗斯韦尔认为，创新是指科技政策与产业政策的整合。所谓技术创新政策，是指一国政府为促进技术创新活动的产生和发展，规范创新主体行为而制定并运用的各种直接或间接的政策和措施的总和。它应该是一个完整的体系。

最早的创新政策手段当属专利制度和税收。1474 年，威尼斯共和国在世界上第一个将发明专利确立为一种法律制度，而英国引入专利的时间是 1624 年，到了 20 世纪初，世界上仅有 45 个国家制定了专利法，但到 1980 年，已有近 150 个国家和地区制定了专利法。税收也是早期各国政府运用较多的创新政策手段。20 世纪 50 年代，美国政府在《国内收入法典》（见图 2-34）中增加了有关条款，给予从事研究开发的企业以税收优惠。瑞典、加拿大等国政府也在 20 世纪 60 年代开始运用税收手段激励技术创新。

图 2-34　美国国内收入法典

综合性创新政策产生的确切时间应在 20 世纪 60 年代，产生的地点是欧美各国。政府的作用对象主要是基础研究机构，大学研究、科研普及机构，大型企业，以及有自主开发能力的中小企业。政策手段主要是向 R&D 提供资助、配备实验设备、促进合作研究等。进入 20 世纪 70 年代后期，人们逐渐意识到高新技术给人类社会带来的深刻影响，创新政策从此提上各国政府的议事日程。在 20 世纪 80 年代初，以信息技术、材料技术和生物技术为代表的新技术革命，向人们展示了技术所具有的巨大潜力。这一革命导致了创新政策在欧美的拓展。

创新政策可分为 3 类：第一，供给政策。主要是提供金融、人力和技术的帮助，包括建立科学技术的基础设施。第二，需求政策。包括政府购买、合同。这种需求，是对创新产品、过程和服务的需求。第三，环境政策。包括税收政策、专利政策、政府管制等。目的在于为创新活动提供一个好的环境。政府在创新活动中能发挥作用的领域有基础研究、社会收益大的技术创新、避免创新的重复性、增强国际竞争力、创新的扩散、合作研究。

（2）政府干预创新的理由

政府干预创新的理论基础：市场失效的理论。市场失效在这里有两层含义：一是指在一些情况下，市场机制存在效率低下或干脆失效，产生了调节上的真空，需要有其他的调节力量填补；二是指在一些情况下，虽然市场机制具有充分调节的能力，但这时市场调节的方向不利于国家和社会公众的整体利益，也需要有另一种调节力量发挥作用。

科技促进经济发展的理论：科学技术是生产力，科学技术能够有力地促进经济的持续发展，而实现这一转化的就是技术创新。在国际大市场上，经济的竞争实质上是科学技术实力和技术创新实力的竞争。技术创新已经不仅仅是关系到企业生产与发展的问题，而且关系到国家在国际社会中的政治地位、军事实力和经济的竞争力。因此，各国政府都非常重视科学技术的发展和技术创新活动的开展。

科学技术的负效应理论：科学技术在给人类带来知识、文明、经济发展和社会进步的同时，也带来了一系列的副作用，给大自然和人类社会本身带来了不小的危害。生态环境的破坏、核污染的危险、职业病的泛滥，以及一些科技成果对社会道德观念的冲击和利用高科技手段犯罪等，都使人们越来越重视科学技术的负效应。这些负效应就需要政府采取必要的行动，控制那些可能给国家和社会公众的长远利益带来威胁的技术的应用，减少科技活动及其成果应用可能造成的副作用。

（3）我国政府干预技术创新活动的特点

在改善技术创新的环境方面，重点是加强法制建设，辅之以各种政策措施。在技术创新所需资源的供给方面，政府所采取的最重要的措施是制定和实施一些重要的计划，确定一批重要的研究项目并投入资金，组织调动各方面研究与开发力量，形成一批科技成果。在技术创新的需求方面，政府主要是从两个方面入手刺激和调控需求的：第一，政府为社会采用创新成果提供各种鼓励措施和强制刺激需求；第二，充分发挥政府的调控功能，依据国家利益优先的原则和国家的长远利益，运用政府的权力和财力开展委托研究和购买活动，制造并控制一个"政府市场"。

2.2.5　技术创新过程理论演替

我国是农业大国，技术创新在农业领域也有重要的应用。下面以农业领域技术创新过程的理论演替进行实例分析。

（1）农业技术创新的概念

农业技术创新概念内涵包括：农业技术创新具有系统性、农业技术创新具有进步性、农业技术创新具有收益性。农业技术创新是以获得收益为目的而进行的系统农业技术性变革。农业技术创新是一个十分宽泛的活动过程，包括为获得农业新品种、新技术、新方法而进行的构思与设想、研究与开发、推广与扩散、生产与销售的活动及其过程。

（2）农业技术创新的特点

① 农业技术创新主体的多元性。技术创新是生产要素与生产条件的重新组合，其目的在于获取潜在的超额利润。这种重新组合可分为3个阶段：第一阶段是指农业技术的研究、试验和开发，其主体主要是农业高等院校、农业科研机构。第二阶段是指农业技术的推广，其主体主要是技术市场和农业技术推广部门。第三个阶段是指农业技术创新的应用和扩散，其主体主要是农业生产单位，在我国主要是指千家万户的农户。

② 农业技术创新的公共物品性。农业技术创新是典型的公共物品，而这一特点根源于农业技术创新和创新技术的采用、扩散的分离：第一，由于我国农业生产的分散性使得农业生产单位相对来说规模较小，一般都是以农户为生产单位。第二，农业生产具有一定的区域性，由于受气候、土壤等因素的影响，任何一种新技术的普及都有一定的范围，不像工业生产那样不受地域条件的限制。第三，农业技术创新既受经济规律支配，也受生物规律支配；农业技术创新的运行受自然力的影响较大；农业技术创新的周期和所需要的时间也较长，在时序上相对落后于其他产业。

（3）农业技术创新的模式

农业技术创新的基本模式可分为两种：一种是政府供给主导型技术创新模式，农业资源—农业技术创新—农业技术扩散—农业技术需求—供需平衡。其特点是政府是农业技术创新的组织者、投资者、管理者，并引导农户使用农业技术成果。第二种是农户需求主导型技术创新模式，农产品需求—农业技术需求—农业技术创新—农业技术扩散—农业技术供给。其特点是农户根据需要选择农业技术项目，而对某些政府供给的技术项目可以不予采纳。

① "科研、教学和推广"三结合的技术创新模式。从理论上讲，这种农业技术创新模式在一定程度上是符合农业技术创新规律的。美国"三位一体"的农业技术创新实践也证明了这种模式的优点。但是，在我国的具体实践中，它过分依赖行政的力量，名为"三结合"，实际上各个子系统之间缺乏有效的沟通和有机的联系，在农业技术创新过程中存在条块分割、多头管理、各自为政的现象。

② "科研—开发—推广"联合攻关模式。这一模式的特点是：围绕地区农业经济发展的关键问题，组织多专业、多学科的科技人员进行跨地区的联合攻关；以粮食为先导，农、林、牧综合发展为目标；研究、开发、推广紧密结合，通过试验区、示范区、辐射区，使科技成果迅速在当地推广应用；实行管理人员、科技人员和农民群众的三结合，有利于形成坚实的工作基础和群体效应。

③ 科、工、贸一体化模式。根据国务院关于"九五"期间深化科技体制改革的决定，具有研究与开发优势并已形成自我发展能力或具备产业开发实力的科研机构可以自办企业或直接转变成企业。这类企业可成为集研究、开发、工程设计和生产销售一体化的公司，也可通过兼并、承包其他企业或科研机构转变成企业集团。由研究开发、推广机构和高等院校派生出来的科技产业化模式称为"科技产业化模式Ⅰ"，由企业和用户等派生出来的科技产业化模式称为"科技产业化模式Ⅱ"。

2.3 创新扩散理论

2.3.1 创新扩散理论的提出背景

（1）起源

自 20 世纪开始，创新的浪潮席卷全球，新观念、新工艺、新装置及大量外来的文化不断涌现，或从其他地方借鉴而来。工业革命期间，创新的速度加快了，并且运输工具和传播手段也有了长足的进步，19 世纪 30 年代的便士报、40 年代的电报、70 年代的电话、20 世纪初期的广播和电影，使原来口头传播流动的信息变成了通过各种媒介传播的信息洪流。信息、新产品、观念、技术开始以相当快的速度到达使用者手中。

问题的提出：人们开始关注一个有趣的现象：为什么一些新事物、新思想能得到承认并广泛采用，而另一些则被人忽视？

（2）发展

早期阐释者：法国社会学家加比尔·塔尔德和佩姆伯顿。两种路径：一是心理学角度，如塔尔德提出的"模仿法则"，他在 1890 年提出"为什么同时出现的 100 个不同的新事物中——其中有单词、天马行空的思想和生产方法等——只有 10 个会广为流行，而90 个则会被人们忘记？"塔尔德集中研究人们的心理过程，在这一过程中，个人知晓、权衡，然后做出决定，接受还是抛弃某个文化特质。他认为，人类通过一系列的"暗示"过程，将"事物"的特性与人类"欲求"联系起来，这一决策过程存在某种"模仿法则"。他没有看到创新的采用和公众通过大众传播了解某一创新之间所存在的联系。二是，社会学家佩姆伯顿没有像塔尔德那样将对新的文化特质的接受用模仿之类的心理规律来表述，而是提出创新被采用的基础是人们之间以某种形式的"文化互动"表现出来的偶然现象。他的研究符合当时人们的主要观察发现，即用生物学、经济学的模式表述生物增长、人口增长、经济发展速度的现象，这些 S 形曲线与描述某种社会文化现象采用的模式之间是否存在相似性？哪种 S 形曲线能最好地描述这种规律？佩姆伯顿经研究，发现了某种特殊的采用曲线——正态积累曲线（见图 2-35），说明存在着某种普遍的规律。

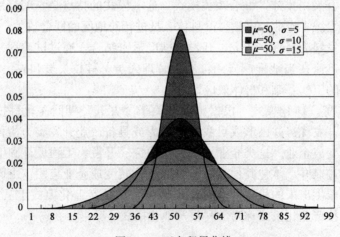

图 2-35　正态积累曲线

他坚持认为，在任何给定时间内，采用的速度"是由这一事实决定的，即一段时间内，某个特质被人们接受的过程之所以呈现上述分布形式，是因为这一过程中的文化互动正好符合实验所证明的正态分布的条件。"即它们存在偶然性，是随机事件。但是仍没有弄明白，当发明或某些文化上的创新在社会中传播时，单个人是如何接受它的，即还没有弄明白，创新是如何引起人们注意的，他们又是如何决定接受它的。为什么有些创新得到了广泛的传播，其他的则被大多数人忽视。

（3）转折点

此后创新不断采用新的研究方案，对新技术使用的研究和大众传播效果研究间的界限越来越模糊。实验目的：在所有创新扩散研究中，最有影响的是在衣阿华州艾奥瓦两个社区的农民中推广杂交玉米种子的研究。社会学家布莱斯瑞恩和尼尔格罗斯（Bryce Ryan&Neal Gross）在关于此次杂交玉米推广活动的研究报告中曾经指出，杂交玉米是美国中西部20世纪30年代最大的技术进步，1939年，种植杂交玉米的土地已经占全美国种植面积的四分之一。莱斯瑞恩和尼尔格罗斯试图解释：为什么农民会改变自己的种植习惯？他们通过什么渠道，得到了何种信息？这些信息对他们的决策产生了什么影响？他们对"创新采用"的研究被认为是经典之作，现在我们根据其于1943年出版的研究报告，对这一研究进行系统梳理。

实验方法：为了解决上述问题，研究者莱斯瑞恩和尼尔格罗斯在艾奥瓦大学附近选择了两个社区对种植玉米的农民进行个人访问，共有518名农民接受了访问。研究者通过访问，搜集到使用杂交玉米的开始时间、从何处得知新种子的信息和何时开始关注新种子，以及受访者如何评价这些信息来源的重要性等问题。研究人员试图根据搜集到的数据描绘出经过一段时间的计划采用率的曲线图，并确定在创新决策过程中，各种传播渠道扮演的不同角色。

实验结论：通过对种植玉米的农民进行个人访问，综合分析统计结果，研究者发现：创新的采用取决于既存的人际联系和对媒介的习惯性接触这两个因素的共同作用，我们之所以称艾奥瓦地区杂交玉米的研究为经典的研究范式，主要是因为它在对产生社会变迁的创新采用问题的研究中，开始将注意力从模式研究转移到过程研究上来。

① 新技术的采用是一个渐进的过程。

② 邻居、推销员、广播广告和农业期刊都是信息的主要来源，但推销员等对农民最终采用与否的决定的影响却不如邻居。

③ 知晓和决定采用之间的时间因素比较复杂，时间差的众数为5~6年。许多农民在种植之前就知道杂交玉米种子。

④ 对于早期采用者来说，推销员和广告是最主要的信息来源，且影响力较大；对后来的采用者来说，推销员和广告决策基本不起作用。

⑤ 在渠道方面，邻里间的推广作用不断上升；大众传媒，如农业期刊和广播广告，在引起人们注意力方面起到了一定的作用。

⑥ 创新的采用依靠既存的人际关系和对媒介的习惯性接触。

贡献在于：它将注意力集中在与创新采用相关的以下几个主要问题上。

① 某项创新。

② 使该创新为人们所知晓的人际传播与大众传播过程。

③ 某种社会系统。

④ 在创新扩散的不同阶段上做出决定的不同类型的人。

⑤ 它是一个转折点，使学者们的兴趣从仅仅关注一段时间人们采用创新的统计学模式，转移到关注这一过程中的行为。

对于大众传播来说，其贡献在于以下几点。

① 从杂交玉米中的研究发现，媒体和人际渠道在早就知晓的作用上具有不同的特点。莱斯瑞恩和尼尔格罗斯的研究强调把扩散看作一种社会现象，即研究没有显示，大众传播在使相关人群知晓新产品的信息方面，以及说服使用方面，起到了特别重要的作用。大众传播之所以在当时艾奥瓦的杂交玉米种的扩散中的作用比较次要，是因为这次研究的环境是与传统社会很相似的农村，口头传播渠道更为重要，同时，本次被研究的创新在当时并不适合利用大众传播媒介进行宣传。

② 创新的采用研究为人们理解新事物的知晓和采用行为之间的联系提供了实证的理论依据。这一研究为理解新事物的滞销（经常通过大众媒介的信息）和其所导致的采用行为这两者之间的联系提供了基础和理论框架。不管新事物是通过人际渠道，还是大众媒介所知晓，重要之处还在于，将创新扩散分成不同阶段、对采用者进行分类，分析他们获得不同信息和不同影响的渠道。

③ 在人际传播方面，无意间符合了当时的有限效果论的结论，即杂交玉米的研究发现，与拉扎斯菲尔德及其同事在《人民的选择》这一环境完全不同的研究中所发现的信息两级传播，以及卡兹和拉扎斯菲尔德在后来另一不同背景人际影响的研究中得出的结论是一致的。

2.3.2 新扩散理论的集大成者

罗杰斯经过数次的自我否定和自我修正，于1962年出版《创新的扩散》一书。罗杰斯将其研究成果进一步地明确化、体系化，并在不同领域反复验证，对506个过程研究进行了总结，包括医药卫生、农业技术、教育改革、计划生育、消费品、机械技术和各类其他发明和改革等新事物的采用和普及过程。

罗杰斯（见图2-36）是美国20世纪著名的传播学者、社会学家、作家和教授，因为首创创新扩散理论而享誉全球，与勒纳、施拉姆被认为是传播学分支学科发展传播学的创始人，他有着非常广泛的研究领域以及研究贡献，范围涉及"解读以及整合基础概念，研究传播网络，议程设置研究、创新的扩散研究，娱乐与教育、跨文化研究，组织传播、新的传播技术、健康运动、发展传播学、特殊问题和环境的研究以及传播史研究"。

罗杰斯的学术研究开始于《创新的扩散》，第一次出版时他还是30岁左右的俄亥俄州州立大学农村社会学的助理教授，这本书使他具备了成为世界学术巨匠的能力，在接下来的40年里，创新扩散成为罗杰斯的名片，2003年这本书的第五版面市，是社会科学领域被引用第二多的书。《创新的扩散》是罗杰斯博士毕业论文扩充的成果，他毕业论文研究的是两个爱荷华州农场上2-4-D除草喷雾剂的扩散情况，罗杰斯用一章节回顾了各种类型的创新扩散研究，包括农业创新、教育创新、医学创新和营销创新等，发现在这些研究中有许多相似点，例如，创新的扩散都是趋向于S曲线的。后来罗杰斯把文献回顾的一章通过扩展精炼出版了《创新的扩散》，这本书提供了创新如何在社会系统中扩散和传播的全面理论。罗杰斯的学术成就来自于他不断地否定自我，修正自我，他是

图 2-36　罗杰斯

那种敢于质疑并反驳自己工作的少数学者之一,《创新的扩散》自 1962 年出版以后, 在 1971 年、1983 年、1995 年、2003 年进行再版时, 都有一些变化和改进, 虽然都是以创新扩散为书名, 研究的主体是新的思想或实践是如何扩散的, 但都有所补充改进, 越来越强调社会网络的作用, 关注网络在扩散和传播以及社会变革项目中的作用, 因此书中增加了关于扩散网络的章节, 并且关注了"临界大多数"的概念, 第五版时更加注重新的传播技术的扩散, 尤其是在互联网上的扩散。

70 年代, 罗杰斯关注发展与传播的关系研究, 他与勒纳、施拉姆被认为是发展传播学的创始人, 在研究如何运用传播来促进社会发展的发展传播学中, 罗杰斯认为传播具有重要的作用, 是社会变革的基本因素。

罗杰斯对创新扩散理论系统的总结:

创新的定义:个人或其他单位在采用的过程中, 被感知为新鲜的思想、行为或事物。

需要强调的是:作为"创新"的观念、实践、事物或方法等, 其自身是否是新生的并不要紧, 重要的是人们认为他是新的。

创新扩散的过程:"创新决策过程"包括认知、劝说、决策、实施、确认 5 个不同阶段。认知阶段——个人开始了解、知道某一创新, 并且对其功能有一定的基本认识; 劝说阶段——个人对某一创新发明形成赞同或不赞同的态度; 决策阶段——个人参与到其中, 决定是选择采用还是拒绝这一创新发明; 实施阶段——个人对创新发明投入到实际运用中; 确认阶段——个人对创新运用结果的评估。以上的阶段并不是线性的, 而是一个复杂的过程, 涉及诸多变量, 如采纳者的个人特性、创新属性、传播渠道、沟通环境等。

罗杰斯研究了创新决策中的控制变量, 认为采纳者的个人特征、社会特征、意识到创新的需要等将制约采纳者对新事物的接受程度, 而社会系统规范、对偏离的容忍度、传播完整度等也将影响创新事物被采纳的程度。

另外, 大众传播渠道和外地渠道在信息获知阶段相对来说更为重要, 而人际渠道和本地渠道在劝服阶段更为得力; 大众媒介与人际传播的结合是新观念传播和说服人们利用这些创新的最有效的途径, 大众传播可以较为有效地、有力地提供新信息, 而人际传播对于改变人的态度与行为更为有力。无论是发达国家还是发展中国家, 传播的过程通常呈现 S 形曲线, 即在采用开始时很慢, 当其扩大到总人数的一半时速度加快, 而当其接近于最大饱和点时又慢下来。接受者的类型:创新者(Innovators), 他们是勇敢的先行者，自觉推动创新。创新者在创新交流过程中发挥着非常重要的作用。早期采用者（Early Adopters），他们是受人尊敬的社会人士，是公众意见领袖，他们乐意引领时尚、尝试新鲜事物，但行为谨慎。早期采用人群（Early Majority），他们是有思想的一群人，也比较谨慎，但他们较之普通人群更愿意、更早地接受变革。后期采用人群（Late Majority），他们是持怀疑态度的一群人，只有当社会大众普遍接受了新鲜事物的时候，他们才会采用。落后者（Laggards），保守传统的一群人，习惯于因循守旧，对新鲜事物吹毛求疵，只有当新的发展成为主流、成为传统时，他们才会被动接受。

接受创新与所需时间的关系影响创新扩散的因素：除了采用者的特征以外，创新本身也有一些能决定其扩展程度或扩散速度的特性。罗杰斯的创新扩散理论认为创新的扩散速度取决于5个因素。

① 相对优势。相对优势是一项创新比起它所取代的方法具有的优势。相对优势除了用经济因素评价外，还可以用社会声望、便利性以及满意度来评价。如果一项创新有大量的客观的优点，那么它是否具有相对优势并不重要，重要的是个体是否认为该项创新具有优势。一项创新的相对优势越大，它被采用的速度越快。

② 相容性。相容性是一项与现存价值观、潜在接受者过去的经历以及个体需要的符合程度。比起与一个社会系统的价值观和标准相容的创新，不相容创新的采用速度慢得多。一个不相容的创新要被采用，通常要求该系统在采用一套新的价值观以后才能实现，而这往往是一个很慢的过程。

③ 复杂性。复杂性是一项创新被理解或被使用的难易程度。有些创新可以很容易就被一个社会系统的大部分成员理解，而另一些创新则复杂得多，不容易被采用。比起那些需要采纳者学习新技术和新知识的创新，简单易懂的创新扩散速度也快得多。

④ 可试性。可试性是在某些特定条件下一项创新能够被试验的可能性。能够分阶段采用的创新比起那些"一锤子买卖"的创新采用速度要快得多。莱斯瑞恩和尼尔格罗斯发现，衣阿华州的农民要先试验才接受杂交种子玉米。如果没有测试新种子的简单试验，它的采用速度将慢得多。一项具有可试性的创新对考虑采用它的人来说具有更大的说服力，因为人们可以通过动手来学会它。

⑤ 可观察性。可观察性是指在多大程度上个体可以看到一项创新的结果。个体越容易观察到一项创新的结果，他们越容易采用它。这种可见度会激发同伴讨论该创新，如创新采用者的朋友或邻居经常会询问他对该创新的评价。

如果个体认为某些创新具有很大的相对优势、相容性好、可试性高，并且并不复杂，那么这些创新的采用速度比其他创新要快。以往的研究表明，在解释有关创新的采用速度问题上，这5点是创新最重要的特征。

2.3.3　理论的局限性和修正

（1）创新扩散理论的局限性

① 自上而下，缺乏互动。该模式是一个颇为宏观的模式，通常是为了有计划的变革，进行创新扩散，推广新技术或应用，一般是政府行为或其他有组织的社会行为。同时，这个模式在"创新扩散"方面，更加适合自上而下，从外向内的推动性传播；如果是自下而上，采纳是应用者的主动行为，扩散是自然传播的结果，此时该模式的适用性较差。这种模式的扩散创新方式是一种单向沟通过程，在信息单向流动的情况下，要能

够说服对方接受。其本质就是实施控制的人改变方向和结果的活动。在某些情况下，这是最好的方式，但其他情况下，需要一个更加参与式的方法。1981 年，罗杰斯和金凯德提出了一个代替性的传播"融合模式"，这一模式强调结合与反馈的连续过程，通过这个连续的过程，传播者与接收者之间的互相理解才能不断加强。

②影响因素考虑不全。对于发展中国家而言，影响新技术传播的重要因素之一就是其使用代价。在新技术使用代价不居于显著地位的环境中，罗杰斯的创新扩散理论能很好地解释影响新技术传播普及的基本要素。但从世界范围来看，尤其是当新技术由发达国家传入发展中国家时，使用代价就将成为一个不可忽视的因素。在发展中国家，某些时候即使人们对新技术的优点非常了解，但仅仅因为使用代价的缘故，不得不暂时放弃使用它。

（2）创新扩散理论的修正

在美国传播学术史上，由 E. M. 罗杰斯和 F. 休梅克在 20 世纪 70 年代初期详细论述的"创新的扩散模式"被认为是传播与发展的一个"主导范式"，它涉及创新信息、创新思想之传播和被采纳的全部过程。但是到 1976 年，罗杰斯在编撰的《传播与发展：批判的观点》中，对于传播与发展的态度发生了转变，注意到外来因素对国家发展方向与速度的重大影响，也了解到动员群众参与发展计划的重要性。他认为发展传播学的主导范式已经消失了。但 1989 年，罗杰斯又对主导范式再次重新阐释，将发展定义为"一种指导下的社会变革，这种变革给予每个人不断增强控制自然的能力"。他认为"有关发展的主导范式并没有过时，还以某种形式继续在理论和实践中保持旺盛的生命力"。他再次否定自我，他认为健康传播就是发展传播主导范式的"延续性变体"，罗杰斯将其创新的扩散理论应用到健康传播研究领域。

20 世纪 80 年代，罗杰斯开始进行传播网络的研究，他是传播学网络模式的倡导者，1981 年与 Kincaid, D. L. 合著的《传播网络：趋向一种新的研究范式》中，在朝鲜农村进行的计划生育创新以在 25 个村庄的扩散过程为研究基础，发现在同一个村庄人们倾向于采纳同一种避孕措施，观念领导者首先采纳某种避孕措施，然后将采纳过程中的感受和体验通过人际网络传达给同一村的村民，人际间的传播渠道比大众传播更有效率。

罗杰斯对于传播技术的兴趣是逐渐形成的，20 世纪 50 年代他还是一个博士研究生的时候，甚至有一种反技术的思想在滋长，认为传播技术在传播研究中是不重要的因素，到 20 世纪 70 年代他对于传播技术的抵触才消失，到 20 世纪 80 年代对于新的传播技术的扩散和社会影响成为了他的研究兴趣。罗杰斯自认为是一个温和的技术决定论者，在《传播技术：社会中的新媒介》（1986）中，他把科技和其他因素一起看作是变化的原因，"科技是一个国家发生变革的重要原因""新媒介和其他因素一起，塑造了信息社会"。书中叙述了他对于传播技术从忽视到接受采纳和应用的过程，概述了传播技术的社会影响，并提出新技术 3 种重要的特征：互动性、个人化和分散化、不受时间限制的非同步化。在新的技术面前，罗杰斯提倡新的传播学理论以及研究方法的探索，他认为对于新媒介的互动特性，传统的线性传播模式已经不能作为充分的分析工具了，罗杰斯强调了新技术的普及过程。

2.3.4　当下的研究方向和研究方法

（1）研究方向

① 创新扩散理论仍广泛应用于社会各行业新事物新观念的扩散现象。

第一类：以此理论为依据并结合特定的环境。

研究以创新扩散理论为依据，应用于青少年健康教育实践，确定创新扩散内容，找准扩散时间点。采用媒体和人际传播相结合的扩散途径，向特定的目标人群传播，可提高健康教育成效，是医学知识创新转化为社会经济效益的一种有效传播方法（见《创新扩散理论在少年儿童健康教育实践中的应用》）。

第二类：根据研究对象的不同，来实证考察该理论中的具体影响因子。

国内有研究基于创新扩散理论探讨铁酱油在贵州城乡社区居民中的扩散特征及其影响因素。最终发现铁酱油自身的相对优势、兼容性、较少的复杂性、可试验性，个体的年龄、教育、认知、态度、意向是影响创新扩散的主要因素（《应用创新扩散理论分析贵州妇女铁酱油购买行为》）。

② 扩展创新扩散理论模型适用性。根据特定的研究对象，将创新扩散理论模型与其他理论模型融合，得到了新的理论模型。Jen-Her Wua 和 Shu-Ching Wang（2005）将创新扩散理论（IDT）、感知风险和支出加入技术采纳模型（TAM）构建一个扩展技术采纳模型，用于调查人们接受移动商务的影响因素，实证研究发现，除了感知易用，其他变量都对使用者的行为意向产生重要的影响，其中以兼容性的影响最大。Mun Y. Yi 和 Joyce D. Jackson（2006）指出，掌握信息技术正成为一个专业人士工作的必备能力，但却不清楚促成他们接受的原因。他通过整合技术采纳模型（TAM）、计划行为理论（TPB）和创新扩散理论（IDT）提出新的研究模型，并实证分析专业护理人员使用 PDA 的情况。

③ 在新技术频出的网络时代，新技术新媒体的扩散研究，以及它与传统的创新扩散过程相比的不同点。在新技术频出的网络时代，考察技术的创新扩散现象，及新技术的扩散过程与传统的创新扩散过程相比的不同点成为研究热点。在新的技术面前，作为一个温和的技术论者，罗杰斯提倡新的传播学理论以及研究方法的探索。他认为，对于新媒介的互动特性，传统的线性传播模式已经不能作为充分的分析工具了，罗杰斯强调了新技术的普及过程。美国国会图书馆研究部所下的定义："技术创新是一个从新产品或新工艺的设想产生到市场应用的完成过程。它包括新设想的产生、研究、开发、商业化生产到扩散这样一系列的结构。"强调了其最终目的是技术的商业应用和创新产品的市场成功。技术创新四要素：机会、环境、支持系统和创新者。技术创新的过程：新设想—研究—开发—中试—批量生产—市场营销—扩散。

④ 在强效果观回归后，越来越多地研究探讨媒体在新事物普及扩散中作用。

（2）研究方法

质化和量化的结合更为完善和翔实。借助先进的技术手段，样本量更大，科学性更高。一篇论文可能运用多种研究方法：采用调查问卷、焦点小组访谈、个案研究、数据分析。

任务与思考

1. TRIZ 理论的基本理论框架是什么？

2. 很久以来，海锚就是安全和希望的象征。在人类航海史上，它曾拯救过的船只不计其数。对于现代吞吐量几万，甚至几十万吨的巨型船只，海锚的安全系数——提供的牵引力与自身重量之比一般不低于 10 ~ 12，但只有当海底是硬泥时才能达到。如果海底是淤泥或岩石，怎样才能明显提高海锚的牵引力？

3. 技术创新理论的五种创新情况是什么？从生活中找出对应的实际案例。

4. 指出熊彼特技术创新理论的不足与存在的问题？

第3章

创新方法

在创新理论的基础上形成了常见创新方法，创新方法主要包含创新思维方法与科技创新的常用方法，创新思维方法中的九屏幕法、小人法、金鱼法、STC 算子等，常见的思维创新方法能够从理论层面对创新实践提供方法论指导。十大科技创新方法是对创新活动标准的有效总结，对于科技创新活动具有重要的指导意义。

3.1 创新思维方法

3.1.1 思维定势

术语的定势：问题用已经熟知的术语来表述，所有的术语都对应着旧的、已有的技术解决方案，这些术语强制性地把自己的含义灌输给发明者，发明者在用术语思考时，这些术语会不知不觉地将发明者推向某一特定方向。

形象的定势：没有术语的定势，依然会存在形象的定势。

专业知识的定势：很多时候，问题的成功解决取决于如何动摇和摧毁原有的系统。

越是深入详细地了解一件事物，就越难摆脱其传统模式。一个思想局限的专家对外行人的新思路的第一反应经常是强烈排斥。

3.1.2 TRIZ 创新思维方法

（1）九屏幕法

根据系统论的观点，系统由多个子系统组成，并通过子系统间的相互作用实现一定功能。系统之外的高层次系统称为超系统，系统之内的低层次系统称为子系统。我们要研究的问题或正在当前发生的系统称为当前系统。以汽车为例，如果把汽车作为当前系统，则轮胎、发动机、方向盘等都是汽车的子系统，交通系统是汽车的一个超系统。

九屏幕法是一种考虑问题的方法，是指在分析和解决问题的时候，不仅要考虑当前系统，还要考虑其超系统和子系统；不仅要考虑当前系统的过去和将来，还要考虑超系统的过去和将来。九屏幕法如图 3-1 所示。

九屏幕法的作用：帮助我们多角度看待问题，突破原有的思维局限，多个方面和层次寻找可利用的资源，更好地解决问题。九屏幕法的步骤：第一步，先从技术系统本身出发，寻找可以利用的资源；第二步，考虑技术系统中的子系统和系统所在的超系统的资源；第三步，考虑系统的过去和未来，分析可以利用的资源；第四步，考虑子系统和超系统的过去和未来。

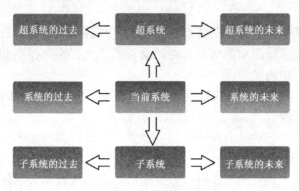

图 3-1　九屏幕法示意图

　　九屏幕法是一种分析问题的手段，而并非一种解决问题的手段。它体现了如何更好地理解问题的一种思维方式，也确定了解决问题的某个新途径。各个屏幕显示的信息并不一定都能引出解决问题的新方法，如果实在找不出好的办法，可以暂时先空着它。但无论怎样，每个屏幕对于问题的总体把握肯定是有所帮助的。

案例 3-1　太空钢笔

　　美国国家科学院的科学家们想研制一种在太空失重情况下使用的太空笔，可是研究了好长时间都没有奏效，最后科学家们向全国发出了征集启事，一周后收到了一位小学生寄来的包裹，上面歪歪扭扭地写着一行字"能否试试这个"。打开包裹一看，令一群科学家拍案叫绝——原来是一捆铅笔。似乎许多人都觉得太空笔真是毫无意义的发明，但实际上并不是这样的。确实，早期的宇航员都使用铅笔，但这并不是因为接受了小学生的建议，而是因为钢笔、圆珠笔在失重条件下都无法使用，铅笔是唯一的选择。但是铅笔笔芯有时候会断，在失重的环境中漂浮，会漂进鼻子、眼睛中，或漂进电器中引起短路，成了危险品。而且，铅笔的笔芯和木头在纯氧的环境中会快速燃烧。太空钢笔应用九屏幕分析方法如表 3-1 所示。

表 3-1　九屏幕法分析太空钢笔

超系统的过去：木器、石器、铁器、陶器、青铜器	超系统：测量装置	超系统的将来：具有抗腐蚀、耐高温、性能稳定的测量装置
当前系统的过去：不锈钢、玻璃钢、陶器、金属容器	当前的系统：铂金容器	当前系统的未来：特制容器
子系统的过去：铂金矿	子系统：铂金	子系统的未来：合金

　　针对每个格子，考虑可利用资源，对于子系统、系统、超系统的过去不予考虑，而对其现在及将来进行分析，目前而言，要使溶液与金属不发生反应，可使用陶器、合金容器等，未来我们可采用特殊材料制成的具有抗腐蚀、耐高温、性能稳定的测量装置和测量容器。

利用资源规律，选择解决技术问题，采用特殊材料制造测试容器，使之具有抗腐蚀、耐高温、性能稳定的特质；在容器表面喷涂一层耐腐蚀的膜，使容器与溶液隔离开来；采用化学反应互斥原理使溶液与容器不会发生化学反应。

（2）小人法

当系统内的某些组件不能完成其必要的功能，并表现出相互矛盾的作用，用一组小人来代表这些不能完成特定功能部件，通过能动的小人，实现预期的功能，然后，根据小人模型对结构进行重新设计。

小人法的目的：克服由于思维惯性导致的思维障碍，提供解决矛盾问题的思路。

小人法的实施步骤：

①建立问题模型：把对象中的各个部分想象成一群一群的小人，如何完成功能，并出现了问题（描述当前状态）。

②建立方案模型：研究问题模型，想象这组小人如何行动，以解决问题，并用图显示（该怎样打乱重组），将方案模型过渡到实际的技术解决方案（变成怎样）。

使用小人法的常见错误：画一个或几个小人，不能分割重组画一张图，无法体现问题模型与方案模型的差异。

小人法小结：更形象生动地描述技术系统中出现的问题。通过小人表示系统，打破原有对技术系统的思维定式，更容易解决问题，获得理想解决方案。能动小人的引入，突破了思维定式，思考的过程是由一个人的思考变为两人或多人的思考，解题思路得到进一步拓宽。

 案例3-2　利用小人法解决水杯喝茶问题

水杯是人们经常使用的喝水装置。据统计，我国有50%左右的人有喝茶的习惯，而普通的水杯不能满足喝茶人的需要。问题在于利用普通水杯喝茶时，茶叶和水的混合物通过水杯的倾斜，同时进入口中，影响人们的正常喝水。在这个问题中，当水杯没有盛水，或者盛茶水但没有喝时并没有发生矛盾，因此只分析饮水时的矛盾。下面按照小人法的步骤逐一分析。常用的茶杯如图3-2所示。

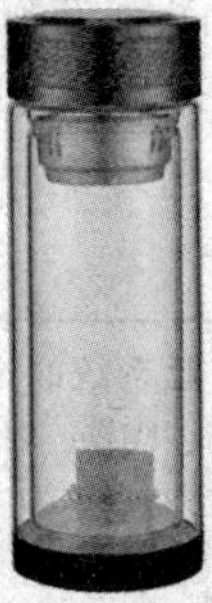

第一步：分析系统和超系统的构成。系统的构成有水杯杯体、水、茶叶以及杯盖，超系统是人的手及嘴。由于喝水时所产生的矛盾与系统的杯盖没有较大关系，因此不予考虑。而人的手和嘴是超系统，难以改变，也不予考虑。

第二步：确定系统存在的问题或者矛盾。系统中存在的问题是喝水时水和茶叶同时会进入嘴中，根本原因是茶叶的质量较轻，漂浮在水中，会随水的移动而移动。

第三步：建立问题模型。描述系统组件的功能。茶杯的系统组件功能描述如表3-2所示。构建的小人模型如图3-3所示。

图3-2　常用的茶杯

表3-2　系统组件功能描述

序号	组件名称	功能
1	杯体	支撑与固定茶水混合物
2	水	浸泡茶叶
3	茶叶	改变水的组成

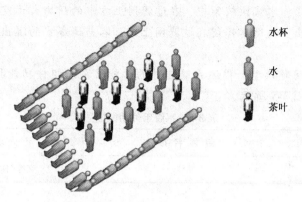

水杯

水

茶叶

图3-3 茶杯组件功能构建的小人模型

第四步：建立方案模型。在小人模型中，绿色的小人（水）和黑色的小人（茶叶）混合在一起，当紫色小人（杯体）移动或者改变方向时（喝水时），绿色小人和黑色小人也会争先向外移动。我们需要的是绿色小人，而不是黑色小人。这时，需要有另外一组人，将黑色小人拦住，就如同公交车中有贼和乘客，警察需要辨别好人与坏人，当好人下车时警察放行，坏人下车时警察拦住，最后车内剩余的是坏人。为了拦住坏人，需要警察的出现。因此本问题的方案模型是引入一组具有辨识能力的小人。

第五步：从解决方案模型过渡到实际方案。根据第四步的解决方案模型，需要在出口增加一批警察，而警察必须有识别能力，回到原问题中，需要增加一个装置，能够实现茶叶和水的分离。由于水和茶叶的大小不同，很容易地会想到这个装置应当是带孔的过滤网，孔的大小决定了过滤茶叶的能力，如图3-4所示。

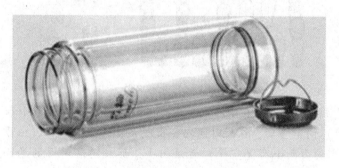

图3-4 能够分离水和茶叶的水杯

 案例3-3 应用小人法解决水杯倒水时溢水的问题

在解决水和茶叶分离的同时又产生了新的问题：当过滤网的孔太大时，茶叶容易和水同时出去；当过滤网的孔太小时，倒水时水下流的速度变慢，开水容易溢出，容易烫伤人体。应用小人法可解决案例3-3带来的新问题。这时的矛盾不是喝水时，而是向杯中倒水时。

第一步：分析系统和超系统的构成。系统构成如案例3-1，但在这个新问题中，水溢出与空气有一定的关系，因此在解决过程中需要考虑空气。而茶叶与问题无关，不予考虑。

第二步：确定系统存在的问题或者矛盾。系统中存在的问题是，当开水倒入水杯时，一般过滤网的孔较小，水流比较集中，在过滤网上方水的压力大于空气外出的压力，空气无法从水杯中排出，使得水停留在过滤网上方，容易造成水的溢出，发生烫伤等有害事件。

第三步：建立问题模型。描述系统组件的功能。系统组件功能描述如表 3-3 所示。构建的小人模型如图 3-5 所示。

表 3-3　系统组件功能描述

序号	组件名称	功　能
1	杯体	支撑与固定茶水混合物
2	水	浸泡茶叶
3	过滤网	分离茶叶阻挡空气
4	空气	阻挡开水

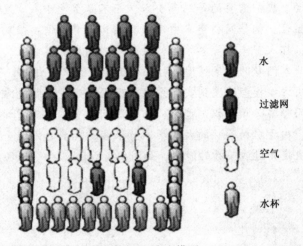

图 3-5　小人模型

第四步：建立方案模型。在小人模型中，当倒入开水时，蓝色小人（开水）经过红色小人（过滤网）向下移动，在短时间内会出现大量的蓝色小人，由于蓝色小人"人多势众"，使得底部的白色小人（空气）无法出去，形成两者对立的局面。此时水杯从过滤网到杯口的容积较小，造成蓝色小人移动到紫色小人（水杯）的外边，烫伤倒水者。在这里，矛盾表现在蓝色小人和白色小人在红色小人的区域发生对峙，一方想出去，一方想进来，矛盾的区域在红色小人（过滤网）。如同在一条相向的单行道路上，当两方相遇时，都不能通过，最好的办法是运用交通警察，将两者分开，各行其路。在本问题中，能够承担交通警察的角色只有红色小人（过滤网），而出现问题正是因为红色小人的存在使得双方对峙。对峙的重要原因是双方在同一个平面上，无法实现两者的分离。如何通过改变红色小人，来解决双方对峙呢？利用红色小人疏导蓝色小人和白色小人，使双方各行其道。可以考虑通过重组红色小人，将红色小人的排列由平面排列转化为"下凸"形排列，当蓝色小人向下移动时，白色小人可以自觉向上移动。

第五步：从解决方案模型过渡到实际方案。根据第四步的解决方案模型，改变原有直面型的过滤网，设计为"下凸"形的过滤网，使水和空气各自沿着不同的道路移动，不会出现双方对峙，造成人员的伤害。过滤网的形状如图 3-6 所示。

（3）金鱼法

金鱼法源自俄罗斯普希金的童话故事：其名称来自于《渔夫和金鱼的故事》，故事中描述了渔夫的愿望通过金鱼变成了现实。映射金鱼法是将幻想的、不现实的问题求解构想变为可行的解决方案。金鱼法是一个反复迭代的分解过程，利用金鱼法，有助于将幻想式的构想转变成切实可行的构想。金鱼法来源如图 3-7 所示。

图 3-6　新型过滤网　　　　　　　　图 3-7　金鱼法来源

运用金鱼法的步骤如下。

首先，将问题分为现实和幻想两个部分。现实问题：由于"滚珠丝杠螺母副"的刚度、精度、磨损等问题，耗费不必要的能源，影响加工精度，加工速度的提高也受到限制。幻想部分："滚珠丝杠螺母副"的刚度、精度足够，无磨损等问题，不耗费不必要的能源。

其次，提出问题。问题 1：幻想部分为什么不现实？在现有的科学技术条件下，制造技术及材料加工工艺还有所欠缺，且在工作过程中摩擦必不可少，所以幻想部分具有不现实性。问题 2：在什么条件下，幻想部分可变成现实？在科学技术高度发达，制造技术、材料加工工艺水平完善的前提下可实现。

再次，列出子系统、系统、超系统的可利用资源。子系统：螺母副回珠管滚珠。系统：刚度、精度不够，有磨损且耗费不必要的能源的滚珠丝杠螺母。超系统：刚度、精度足够，无磨损，不耗费不必要的能源的滚珠丝杠螺母。

最后，从可利用资源出发，提出可能的构想方案。利用现有的先进制造技术及加工工艺对滚珠丝杠螺母副的刚度、精度要求进行最大化优化设计，整合，与此同时进行磨损分析，减少磨损，消除噪声。如构想中的方案不现实，应再次回到第一步，重复上述步骤。在优化设计过程中，应分析不现实因素，重复执行上述步骤，以求解问题最优方案。

　案例3-4　4 根火柴组成 "田"

金鱼法的应用步骤，首先将问题分解为现实部分和不现实部分。现实部分：4 根火柴棍、组成一个"田"字的想法。幻想部分：4 根火柴棍在不损折的情况下组成一个

"田"字。幻想部分为什么不现实？因为思维定势的影响，4根火柴棒只是4条线段，而组成一个"田"字至少需要6条线段，并且火柴棍不能折断。

在什么情况下幻想部分可变为现实？首先，借助它物。火柴棍上自身含有组成"田"字的资源。其次，确定系统、超系统和子系统的可用资源。超系统：火柴盒、桌面、空气、重力、灯光等。系统：4根火柴棍。子系统：火柴棍的横端面和纵端面。最后，利用已有的资源，基于之前的构思考虑可能的方案。如4根火柴棍借助火柴盒或者桌角的两条边就能摆成一个"田"字；4根火柴棍借助两条直光线也可以组成一个"田"字；火柴棍的横断面是个矩形，而4个矩形就能组成一个"田"字。

(4) STC算子

STC算子法是一种非常简单的工具，通过极限思考方式想象系统，将尺寸、时间和成本因素进行一系列变化的思维实验，用来打破思维定势。STC的含义分别是：S—尺寸、T—时间、C—成本，从尺寸、时间和成本3个方面的参数变化来改变原有的问题。通常工程师在解决技术问题时对系统已非常了解和熟悉，一般对研究对象有一种"定型"的认识和理解，而这种"定型"的特性在时间、空间和资金方面尤为突出。此种"定型"会在工程师的思维中建立心理障碍，从而妨碍工程师清晰、客观地认识所研究的对象。这种障碍对工程师的影响表现在：一是工程师所建立的思维结构可能与所解决问题的方法相差甚远；二是这种心理障碍会主观地过滤掉某些"所谓的与技术问题无关，但实际上非常重要的信息"，并在此基础上加入"某些与技术问题实际上无关的信息，而又被工程师主观地认为很重要的信息"，造成了解决问题和寻找可利用的资源时走上了一条"不归路"。

应用STC算子的目的：一是克服长期由于思维惯性产生的心理障碍，打破原有的思维束缚，将客观对象由"习惯"概念变为"非习惯"概念，在很多时候，问题的成功解决取决于如何动摇和摧毁原有的系统以及对原有系统的认识；二是通过尺寸、时间和成本3个维度的分析，迅速发现对研究对象最初认识的误差；三是通过对认识误差的分析，重新定位、界定研究对象，使"熟悉"的对象陌生化；四是用STC算子思考后，可以在分析问题的过程中发现系统中存在的技术矛盾或物理矛盾，以便在后续的解题过程中予以解决，很多时候改变原来的思路就可以找到问题的解决方案。

STC算子法就是对一个系统自身不同特性（尺寸、时间、成本）单独考虑，而不考虑其他两个或多个因素。一个产品或技术系统通常由多个因素构成，单一考虑相应因素会得出意想不到的想法和方向。

STC算子思考问题的流程：应用STC算子通常按照下列步骤进行分析。首先，需要注意尺寸、时间和成本的内涵。尺寸：一般可以考虑研究对象的3个维度，即长、宽、高，但尺寸不仅包含上述含义，同时延伸的尺寸还包括温度、强度、亮度、精度等的大小及变化的方向，它不只是几何尺寸，而且还包含了可能改变任何参数的尺寸。时间：一般可以考虑是物体完成有用功能所需要的时间、有害功能持续的时间、动作之间的时间差等。成本：一般可以理解为不仅包括物体本身的成本，也包括物体完成主要功能所需各项辅助操作的成本以及浪费的成本。其次，在最大范围内来改变每一个参数，只有问题失去物理学意义才是参数变化的临界值。最后，需要逐步地改变参数的值，以便能够理解和控制在新条件下问题的物理内涵。

应用STC算子通常按照下列步骤进行分析。

步骤1：明确现有系统。

步骤2：明确现有系统在时间、尺寸和成本方面的特性。

步骤3：设想逐渐增大对象的尺度，使之无穷大（$S \to \infty$）。

步骤4：设想逐渐减小对象的尺度，使之无穷小（$S \to 0$）。

步骤5：设想逐渐增加对象的作用时间，使之无穷大（$T \to \infty$）。

步骤6：设想逐渐减少对象的作用时间，使之无穷小（$T \to 0$）。

步骤7：设想增加对象的成本，使之无穷大（$C \to \infty$）。

步骤8：设想减少对象的成本，使之无穷小（$C \to 0$）。

步骤9：修正现有系统，重复执行步骤2~8，并得出解决问题的方向。

这些试验或想象在某些方面是主观的，很多时候它取决于主观想象力、问题特点及其他一些情况。然而，即使是标准化地完成这些试验，也能够有效消除思维定式。STC算子思考问题的时候将不可避免会遇到各种错误，而有效正确使用TRIZ工具是解决技术问题的关键。在使用STC算子时，工程师容易出现以下错误。一是在步骤1中，对技术系统的定义和界定不清楚，导致在后续的步骤中与研究对象不统一，同时不应该改变初始问题的目标。二是在步骤2中，对研究对象的3个特性，即尺寸、成本、时间的定义不清楚，造成后续分析问题时没有找到解决问题的方向。三是需要对每个想象试验分步递增、递减，直到物体新的特性出现，为了更深入地观察到新特性是如何产生的，一般将每个试验分步长进行，步长为对象参数数量级的改变（10的整数倍）。四是不能在没有完成所有想象试验时，因担心系统变得复杂而提前中止。五是STC算子使用的成效取决于主观想象力、问题特点等情况，需要充分拓展思维，改变原有思维的束缚，大胆地展开想象，不能受到现有环境的限制。六是不能在试验的过程中尝试猜测问题最终的答案。七是STC算子一般不会直接获取解决技术问题的方案，但它可以让工程师获得某些独特的想法和方向，为下一步应用其他TRIZ工具寻找解决方案做准备。

📚 案例3-5　STC算子应用案例

锚是船只锚泊设备的主要部件，用铁链连在船上，抛在水底，可以使船停稳，一直以来海锚就是安全和希望的象征。海锚在航海史上拯救的船只不计其数，但随着现代造船工业的发展，对吞吐量几万，甚至几十万吨的巨型船只而言，海锚显得没有之前那么可靠。海锚的安全系数一般是指海锚提供的牵引力（系留力）与其自身重量之比。一般不低于10~12（结构最出名的军舰锚和马特洛索夫锚在其自重为1t时锚的系留力为10t）。但是，这种理想效果只有当海底是硬泥的时候才能达到。当海底是淤泥或者岩石时，锚爪是抓不住海底的。怎样才能明显提高锚在海底的系留力呢？下面按照STC算子的步骤逐步进行分析。

步骤1：明确现有系统目前存在的问题是，由于船只的自重随着技术水平的不断提升而提升，这就要求海锚所产生的系留力也必须成倍数地增加。系统由海锚、船只、绳索等组成，超系统包含海水、海底等。研究对象较为明确就是海锚。但是，"海锚"这个词能立刻使人联想起一些特定的解决方式，比如，可以增加锚爪数量、做一些其他形状的锚爪、增大锚的重量等。因此，在解决问题的过程中，克服思维定式最简单有效的办法就是不使用那些专业术语。应尽量使用那些不具有具体含义的词，比如，"事物""东西""对象"等，从功能的角度描述研究对象，如"需要能系留100t重的船只的物质""什么东西能够固定住100t重的船"。利用术语可以准确地将已知和未知的东西区分开来。可是当已知和未知间没有明显界限，思维角度更趋向于未知的时候，就应该放弃使用术语了。如果题目中没有"锚"这个术语，也就没有"锚爪"的概念了。

步骤2：明确现有系统在时间、尺寸和成本方面的特性。在该系统中，系统由船、锚等组成，超系统有海水、海底等，系统及超系统的参数将随着STC算子而改变。为了找到新方法的思路，首先需要对发生变化的成分（船）进行一些调整。假设船身长100m，吃水量10m（船的尺寸为100m/10m），船距海底1km，锚放到海底需1h的时间，需要找到产生质变的参数变化范围。

步骤3：设想逐渐增大对象的尺度，使之无穷大（$S \rightarrow \infty$），即尺寸$\rightarrow \infty$。船与锚是相对的关系，尺寸特性可以从相对的两个方面考虑，即海锚尺寸的增大和船只尺寸的缩小。如果船的尺寸缩小为原来的1/1000，变为10cm/1cm，是否能解决问题？船太小了（像木片一样），缆绳（如细铁丝一样）的长度和重量远远超过了船的浮力，船将无法控制或沉没。

步骤4：设想逐渐减小对象的尺度，使之无穷小（$S \rightarrow 0$），即尺寸$\rightarrow 0$。考虑海锚尺寸的缩小和船只尺寸的扩大。如果把船的尺寸增加为原来的100倍，变为10km/1km，问题解决了吗？这时船底已经接触到海底了，也就不需要系留了。把这一特性的质变运用到普通的船上将是什么情形？一是可以把船固定到冰山上；二是船停靠的时候下部灌满水；三是船体进行分割，将船的一部分脱离开并沉到海底；四是船下面安装水下帆，利用水起到制动的作用等，这些想法可以为解决问题提供方向。

步骤5：设想逐渐增加对象的作用时间，使之无穷大（$T \rightarrow \infty$），即时间$\rightarrow \infty$。当时间为10h的时候，锚下沉得很慢，可以很深地嵌入海底；打下扎到海底的桩子。有一种旋进型的锚（已获得专利的振动锚），电动机的振动将锚深深地嵌入海底（系留力是锚自重的20倍），但这种方法不适用于岩石海底。

步骤6：设想逐渐减少对象的作用时间，使之无穷小（$T \rightarrow 0$），即时间$\rightarrow 0$。如果把时间缩减为原来的1/100，就需要非常重的锚，或者除重力外，能够有其他力量推动锚的运动，使它能够快速降到海底。如果时间减为1/1000，锚就要像火箭一样投下去。如果减为1/10000，那么只能利用爆破焊接，将船固接到海底了。可以考虑为锚增加动力装置，也可以考虑利用某些状态的变化将锚"粘"在海底。

步骤7：设想增加对象的成本，使之无穷大（$C \rightarrow \infty$），即成本$\rightarrow \infty$，如果允许不计成本，那么可以使用特殊的方法和昂贵的设备。如利用白金锚，利用火箭、潜水艇、深潜箱等工具达到目的。

步骤8：设想减少对象的成本，使之无穷小（$C \rightarrow 0$），即成本$\rightarrow 0$。如果不允许增加成本，或者很小的成本，那么必须利用免费资源。在该问题中海水是免费的资源，同时也是可以无限满足于系统的要求，可以利用海水来达到系留的功能，或者是改变海水的状态来完成功能。问题的最终解决方法是用一个带制冷装置的金属锚，锚重1t，制冷功率50kW·h，1min内锚的系留力可达20t，10～15min内达1000t。

STC算子虽然不能够直接提供解决问题的方案，但是可以为解决问题提供方向，尤其是面对问题"没有任何方向"时，可以利用该方向扩展思路、拓宽思维。STC算子通过进一步激化问题，寻找产生质变的临界范围。虽然STC算子规定了从尺寸、时间、成本3个特性改变原有的问题，但在实际使用过程中可不受3个维度的约束，根据技术问题的特点和需求，在其他方面，如空间、速度、力、面积等方面展开极限思维，该方法本身是为了达到克服思维惯性的目的，使用者需要开拓思维，不能从一种思维惯性到达另外一种思维惯性。

3.2 科技创新的十种方法

3.2.1 综合法

综合法就是把不同的几个东西的优点抽取出来，创造出一个新的事物。例如，擦字橡皮流通了差不多100年，美国的一个画家海曼住在费城，他在画画时一会儿用铅笔，一会儿用笔擦，十分不方便，由于集中精力搞创作经常找不到笔擦，他就在铅笔的顶端加上擦字橡皮，使用起来更方便，带橡皮的铅笔才问世。他申请了专利，取得了丰厚的报酬。又如，1998年，福建一名中学生看到人们摘果子很不方便，他就把剪刀和渔网组合起来，创造出"方便摘果器"，获福州市二等奖；再如，2005年，一个高中同学看到餐店里的调味瓶只有一二种，他就发明了一种五味瓶，能分别装上五种调味品，获得市级发明三等奖。我们通过对身边事物的仔细观察，将事物的优点进行综合就可以进行新事物的创新，如对以下问题进行思考：

① 如何让老人倒着走不会摔倒或碰到别人？
② 如何让老人或盲人的手杖具有多种功能？
③ 如何改革数学老师的圆规、尺子，使其更好用、更方便？
④ 如何改造自行车，使其遮阳避雨？
⑤ 如何不用空调降低整座城市的温度？

3.2.2 逆向思维法

逆向思维法就是要打破常规反其道而行的一种创造方法。例如，电影摄影师要拍摄人飞上高墙，但人不可能飞那么高，他就拍摄人从高墙上跳下，放映时他就倒着放，这样就好像人是从下面飞上去一样。又如，2001年，江苏省的一名大学生看到套间的一般用水和马桶的水都排到阴沟里去，浪费了大量的水，他就想办法不让一般用水流掉，设计出环保水箱，获全国三等奖。我们可以观察身边还有哪些事物用逆向思维法可以创造出一个新事物？如可以对以下问题进行思考：

① 你家里的电器都有通电指示灯，你逆向想一想？
② 工人用双手钉木模，你能让他只用单手行吗？
③ 蓝宝石和铁矿石刚采出来很难区分，你如何区分？
④ 街上的充气拱门会漏气，你能使其不漏气吗？

3.2.3 刨根探底法

刨根探底法就是在别人取得成功的基础上进一步探索，或许还会取得新成果的方法。例如，18世纪末，美国的富兰克林发现了霓虹灯（当电通过低压气体管时能产生美丽的色彩）。1838年，法拉第发现管子中的气体的辉柱并不一致，即在紧靠阴极处有一暗区，称为"法拉第暗区"。19世纪后期,德国科学家普吕克尔和英国科学家克鲁斯等人,通过一系列实验发现了"阴极射线"。1895年德国物理学家伦琴发现了"X射线",如图3-8所示。1896年法国物理学家贝克勒尔发现放射性。1897年英国物理学家发现阴极射线就是电子,并证实了阴极射线果然带负电,并且测定了它的飞行速度和质荷比。

100多年来,除了以上科学巨人外,还有卢瑟福、居里夫妇、勒纳等诺贝尔巨星,就是从这司空见惯小小的霓虹灯中创造出一项又一项科学成果。

1845年3月27日,在德国鲁尔地区一个人杰地灵的小镇——莱尼斯,随着"哇"的一声啼哭,伦琴来到了人世间。伦琴是个聪明而又勤奋的孩子,在读书期间,他就以优异的成绩而深受好评。从1888年起,他从国外学成回国后,担任了巴伐利亚州维尔茨堡大学物理研究所所长。正是在这个研究所期间,他独具慧眼,发现了具有极强穿透力的X射线,从而声名远播。自从担任物理所所长之后,他就一直孜孜不倦地研究着阴极射线,无论遇到多大的挫折,他始终都没有放弃。在研究过程中,伦琴发现,由于克鲁克斯管的高真空度,低压放电时没有荧光产生。

图3-8   伦琴发现X射线

1894年,一位德国物理学家改进了克鲁克斯管,他把阴极射线碰到管壁放出荧光的地方,用一块薄薄的铝片替换了原来的玻璃,结果,奇迹发生了,从阴极射线管中发射出来的射线,穿透薄铝片,射到外边来了。这位物理学家就是勒那德。勒那德还在阴极射线管的玻璃壁上打开一个薄铝窗口,出乎意料地把阴极射线引出了管外。他接着又用一种荧光物质铂氰化钡涂在玻璃板上,从而创造出了能够探测阴极射线的荧光板。当阴极射线碰到荧光板就会在茫茫黑夜中发出令人头晕目眩的光亮。

伦琴不止一次地重复了勒那德的实验。1895年11月8日晚,劳累了一天的伦琴刚刚躺上了床,正想美美地做个梦。突然,好像有一股神奇的清风吹入了伦琴的灵魂深处,他赶紧一骨碌跳下了床,又好似有一个无形的神灵,牵引着他,他走到了他所熟悉的仪器旁,再次重复了勒那德的实验。命中注定,一项石破天惊的科学奇迹产生了。伦琴欣喜地发现,这种阴极射线能够使1m以外的荧光屏上出现闪光。为了防止荧光板受偶尔出现的管内闪光的影响,伦琴用一张包相纸的黑纸,把整个管子里三层外三层地裹得严严实实。在子夜时分,伦琴打开阴极射线管的电源,当他把荧光板靠近阴极射线管上的铝片洞口的时候,顿时荧光板亮了,而距离稍微远一点,荧光板又不亮了。伦琴还发现,前一段时间紧密封存的一张底片,尽管丝毫都没有暴露在光线下,但是因为他当时随手就把它放在放电管的附近,现在打开一看,底片已经变得灰黑,快要坏了。这说明管内发出某种能穿透底片封套的光线。伦琴发现，一个涂有磷光质的屏幕放在这种放电管附近时，即发亮光；金属的厚片放在管与磷光屏中间时，即投射阴影；而比较轻的物质，如铝片或木片，平时不透光，在这种射线内投射的阴影却几乎看不见，而它们所吸收的射线的数量大致和吸收体的厚度与密度成正比。同时，真空管内的气体越少，射线的穿透性就越高。为了获得更加完美的实验结果，伦琴又把一个完整的梨形阴极射线管包裹好，打开开关，然后他便看到了非常奇特现象：尽管阴极射线管一点亮光也不露，但是放在远处的荧光板竟然调皮地亮了起来。伦琴欣喜若狂，他顺手拿起闪闪发亮的荧光板，想吻它一下，突然，一个完整手骨的影子鬼使神差般地出现在荧光板上。伦琴顿时吓得不知所措，他不知这到底是在做梦，还是在做实验，他狠狠地在手上咬了一口，手被咬得生疼，他意识到自己不是在做梦，这一切都是真的。伦琴赶紧开亮电灯，认真检查了一遍有关的仪器，又做起了这个实验。这时，天光已经微微发亮，在重重云层下，一轮美丽的红日，即将喷薄而出，给整个人类带来她无穷无尽的光和热。伦琴没有时间去想别的东西。他看到，那道奇妙的光线又被荧光板捕捉到了。他又有意识地把手放到阴极射线管和荧光板之间，一副完整的手骨影子又出现在荧光板上。伦琴终于明白，这种射线原来具有极强的穿透力和相当的硬度，可以使肌肉内的骨骼在磷光片或照片上投下阴影。这时，伦琴的夫人走了过来，给伦琴披上了一件大衣，然后轻声地劝伦琴该去休息了。伦琴却一把抓住了夫人的手，放在荧光板和阴极射线管之间，荧光板上又出现了夫人那完整的手骨影子。这是事实，千真万确的事实。伦琴一下子抱住了夫人，在实验室里足足转了五个圈子，他太激动了，激动得不知如何是好，两行热泪止不住地流了下来……次日，伦琴便开始思考这一新发现的事实，他想，这很显然不是阴极射线，阴极射线无法穿透玻璃，这种射线却具有巨大的能量，它能穿透玻璃、遮光的黑纸和人的手掌。为了验证它还能穿透些什么样的物质，伦琴几乎把手边能够拿到的东西，如木片、橡胶皮、金属片等，都拿来做了实验。他把这些东西一一放在射线管与荧光板之间，这种神奇的具有相当硬度的射线把它们全穿透了。伦琴又拿了一块铅板来，这种光线才停止了它前进的脚步。然而，限于当时的条件，伦琴对这种射线所产生的原因及性质却知之甚少。但他在潜意识中意识到，这种射线对于人类来说，虽然是个未知的领域，但是有可能具有非常大的利用价值。为了鼓舞、鞭策更多的人去继续关注它，研究它，了解它并利用它，伦琴就把他所发现的这种具有无穷魅力的射线叫做"X射线"。

1895年12月28日，伦琴把发现X射线的论文和用X射线照出的手骨照片，一同送交维尔茨堡物理医学学会出版。这件事成了轰动一时的科学新闻。伦琴的论文和照片在三个月内被连续翻印五次。大家共同分享着伦琴发现X射线的巨大欢乐。X射线的发现给医学和物质结构的研究带来了新的希望，此后，产生了一系列的新发现和与这相联系的新技术。就在伦琴宣布发现X射线的第四天，一位美国医生就用X射线照相发现了伤员脚上的子弹。从此，对于医学来说，X射线就成了神奇的医疗手段，如图3-9所示。

伦琴、柏克勒尔和汤姆生三人的伟大发现，可谓石破天惊，揭开了20世纪科学技术新纪元的序幕！从此以后，原子不可分的古老神话被毫不留情地粉碎，科学开始了向原子更深的层次，即原子核与基本粒子进军，人类认识再度进入另外一块同样迷人的辉煌地带。还有卢瑟福、居里夫妇、勒纳等科学家都不满足先人的成果而进一步刨根探底，创造了一项又一项的科学成果，一个又一个的诺贝尔巨星接连不断地升起。

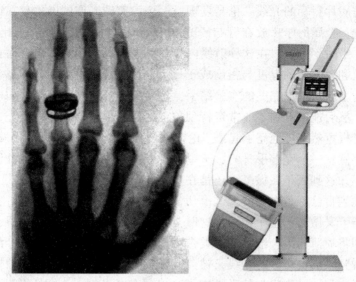

图 3-9　X 射线在现代医学中的应用

3.2.4　破解法

　　破解法就是找出某种事物的缺点，想办法把缺点变成优点，从而创造出一个新事物的方法。例如，上海一个中学生看到升旗的绳子断了，要人爬上旗杆的末端穿结绳子，但人爬上旗杆的末随时都有生命危险，所以他就发明一个旗杆穿绳器，从而获得国际二等奖。上海和田路小学徐琛同学看到墙上的电源插座，就想小朋友不小心将手插进去会触电的，能不能改一改，怎样改？从而激发了他创造发明一种"防触电插座"的欲望。果然，他创造成功，发明成果获得世界少年儿童创造发明比赛的最佳作品奖，如图 3-10 所示。又如一个学生看到监考老师在拆开试卷袋十分小心，但还是拆坏了试卷袋，受到了批评。他回去后反复实验制作出"撕不坏的试卷袋"。

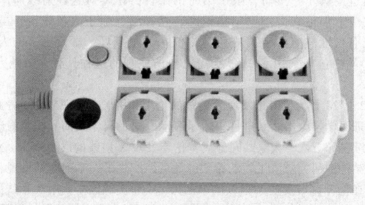

图 3-10　防触电开关

3.2.5　发现法

　　发现法就是要做生活的有心人，仔细观察事物，从而发明创造出新事物的方法。例如，瓦特烧开水时仔细观察蒸汽推动锅盖，从而发明了蒸汽机；苹果从树上掉下是人们司空见惯的事情，但牛顿由于善于仔细观察事物，善于思考，从而发现了万有引力。

童年时代的瓦特和茶壶的故事：一天晚上，瓦特和一个小女孩在家里喝茶。瓦特不停地摆弄茶壶盖，一会儿打开，一会儿盖上，当他把茶壶嘴堵住时，蒸汽顶开了茶盖。在旁的外祖母对瓦特的这种无聊动作极为不满，加以训斥。瓦特并不介意，他一心想着蒸汽的力量，从此萌发制造蒸汽机的念头。罗尔特所著《詹姆斯·瓦特》中，曾写道："瓦特蒸汽机巨大的、不知疲倦的威力使生产方法以过去所不能想象的规模走上了机械化道路。"

1819 年在詹姆斯·瓦特的讣告中，对他发明的蒸汽机有这样的赞颂："它武装了人类，使虚弱无力的双手变得力大无穷，健全了人类的大脑以处理一切难题。它为机械动力在未来创造奇迹打下了坚实的基础，将有助并报偿后代的劳动。"瓦特与其蒸汽机如图 3-11 所示。

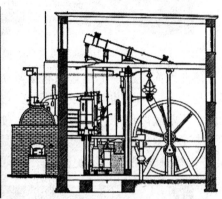

图 3-11　瓦特与其蒸汽机

瓦特大事年表：1736 年 1 月 19 日詹姆斯·瓦特诞生于苏格兰的格里诺克。1755 年瓦特离开苏格兰，到伦敦寻求仪器制造匠的培训。他被康西尔的约翰·摩根所接纳。1757 年格拉斯哥大学任命瓦特为其正式"数学仪器制造师"并在校园里安排了一个车间。1763—1765 年瓦特在修理纽科门泵时，设计的冷凝器解决了效率低的问题，罗巴克把瓦特的发明用于商业上。

1774 年瓦特将自己设计的蒸汽机投入生产。1776 年博尔登—瓦特蒸汽机在波罗姆菲尔德煤矿首次向公众展示其工作状态。1782 年瓦特的双向式蒸汽机取得专利，同年他发明了一种标准单位：马力。1800 年瓦特蒸汽机专利期满，与博尔登合作结束，64 岁瓦特退休。1819 年 8 月 25 日詹姆斯·瓦特逝世，享年 83 岁。

新型蒸汽机的广泛使用，推动了人类社会的前进，正如恩格斯所说："蒸汽和新的工业机把工场手工业变成了现代的大工业，从而把资产阶级社会的整个基础革命化了"。蒸汽机推动了世界工业革命如图 3-12 所示。由于瓦特发明了近代蒸汽机，并不断完善它，在蒸汽机的发展上作出了杰出的贡献，因此被后人誉为蒸汽机的发明人。

依撒克·牛顿（1642—1727），英国科学家，他发现了万有引力定律，建立了经典力学的基本体系，在光学、热学、天文学方面都有创造性贡献，在数学方面又是微积分的创始人之一。

三百多年前的一天晚上，一位青年坐在花园里观赏月亮。他仰望那镶着点点繁星的苍穹，思索着为什么月亮会绕着地球运转而不会掉落下来。忽然，有个东西打在了他的头上，这并不很重的一击，把他从沉思中惊醒。他低头一看，原来，是一只熟透的大苹果从树上掉落下来。他捡起苹果，又一次陷入了沉思：为什么苹果不落向两旁，不飞向

图 3-12　蒸汽机推动了世界工业革命

天空，而是垂直落向地面？这一定是地球有某种引力，把所有的东西都引向地球。青年眼睛一亮：苹果是这样，月亮也是如此，月亮一定是在地球引力的吸引下做高速运转。因为有引力，使它不能远离地球；因为有速度，使它不会像苹果一样掉落下来，夜渐渐地深了，青年手中拿着苹果，开心地笑了。他就是发现万有引力的英国科学家牛顿。这一年，他才 24 岁。牛顿发现万有引力定律如图 3-13 所示。

图 3-13　牛顿发现万有引力定律

　　牛顿，1642 年 12 月 25 日出生在英国。他爸爸是个自耕农，在他出世前两个月就死去了。他两岁起就跟着年迈的祖母生活。牛顿在 12 岁的时候进入格兰镇小学读书。他从小就非常热爱科学，经常制造一些灵巧的小机械。他自己制作了一个小巧的水钟，是仿照沙漏的做法制成的。用一个小水池，使池中的水缓缓流出，水面逐渐降低，水面上的浮标就跟着逐渐下降，于是带动指针转动，指示时刻。放风筝是孩子们都喜爱的游戏。聪明的小牛顿更玩出了新花样：一天晚上，他把一只纸灯笼系在了风筝上放到天空。许多看见了空中风筝的人，都叫起来："彗星！"当人们知道天空中闪亮的是风筝上的灯笼时，才恍然大悟。

　　牛顿是个意志坚强的孩子。在学校里，当他受到大同学的侮辱时，他总是拼命反抗。他常说："无论做什么事情，只要肯努力奋斗，是没有不成功的。"正是这种顽强的精神，带领牛顿登上科学群山那一个又一个巅峰。牛顿在从事科学研究工作时，常常会忘记自己和别人的存在，陷入一种"痴迷"的状态。有一次，他请朋友到家里做客。当他走出房门去拿酒时，忽然想起关于月球轨道的运算，于是就把请客的事忘到了九霄云外，自顾自地忙着计算起来。朋友知道牛顿的脾气，只好自己吃掉了盘子里的鸡，把骨头吐在了桌子上。牛顿终于计算完了，这才想起请客的事。走回桌前一看，鸡只剩下了骨头，他恍然大悟地说："我以为我还没有吃饭呢，原来已经吃过了。"

尽管牛顿在科学上取得了巨大的成就，却仍然十分谦虚。他曾这样说过："如果我所见的比笛卡尔（法国17世纪著名数学家、物理学家和哲学家）要远一点儿，那是因为我是站在巨人的肩上的缘故。"在英国乌尔索普牛顿老家的花园里的那棵苹果树，一直被精心地保护着。1820年，这棵树死后，被分成好几段，分别在英国皇家学会等处保存了起来。这棵与科学结缘的苹果树，不仅留有牛顿严谨学风的印记，更流传着牛顿谦逊的美德。以上科学家的故事告诉我们：为什么他们能在人们司空见惯的事物中做出重大的发明创造，首先是由于他对客观事物好奇，善于仔细观察事物，好问为什么，勤于思考，专心致志地寻求答案。他们热爱科学，勇于创造，以顽强的毅力，攀登并征服了一个又一个科学高峰。

3.2.6 想象法

想象法就是要敢于异想天开，用科学幻想创造出一种新产品的方法。例如，莱特兄弟，他们少年时就异想天开要飞上天，终于发明了飞机；千百年来人们就异想天开有千里眼、顺风耳，现在都成了现实。

当俄国的康斯坦丁齐奥尔科夫斯基仍在做着飞天梦的时候，美国的莱特兄弟已经为人类插上了翅膀，他们终于发明了飞机，使人类梦想成真，飞向了湛蓝而又广大的天空。1903年12月17日，池塘里结了一层厚厚的冰，刺骨的寒风直往人肉里面钻。这天，来自俄亥俄州的莱特兄弟，共做了四次成功的飞行。第一次在空中只飞行了12s，飞行距离大约是37m。最后一次飞了59s，飞行距离大约是260m。这四次成功的飞行，在人类航空史上写下了辉煌的一笔。因为它是人类第一次成功地实行了动力飞行，打破了比空气重的机器不能在空中飞行的断言，从而开辟了人类航空科学技术的崭新的通途。莱特兄弟发明飞机如图3-14所示。

图3-14 莱特兄弟发明飞机

莱特兄弟是修理和制造自行车的技师，他们具有丰富的机械知识。从少年时代起，他们就对飞螺旋玩具发生了浓厚的兴趣，并且自己动手进行制作。他们还非常喜爱放风筝，他们自己制作的风筝在天空飞得又高又稳。由于家里非常穷，常常是入不敷出，没有钱供他们去上大学，只能靠帮人家修理自行车来维持生计。但是，他们毫无怨言。在修自行车的时候，总是琢磨自行车的制造原理及制造方法。他们非常喜爱读书，几乎读遍了当时所能找到的所有有关飞行方面的书籍，学到了许多有关飞行的知识。这时，他们读到了报纸上发表的一则消息，大飞行家奥图李连达尔在连续进行2000多次滑翔飞行后，在所进行的又一次滑翔飞行时，突然遭遇到一股来自侧后方吹来的狂风，从而机坠人亡，英年早逝。这则消息深深打动了莱特兄弟，他们决定去继续完成李连达尔没有完成的事业。兄弟俩节衣缩食，用帮人家修理自行车所挣来的微薄的钱，去买书或买制造滑翔机的材料。正当他们把全部身心投入到飞行研究中去的时候，飞行失事的不幸消息接踵而至：英国的皮查尔因试飞失事送了命；马克沁姆试飞摔成重伤，差一点送了命；法国阿德尔设计的飞机在空中解体粉碎。

这一连串的噩耗并没有吓倒莱特兄弟，他们特别认真地研究了李连达尔的经验和教训，刻苦钻研了俄国康斯坦丁齐奥尔科夫斯基提出来的空气动力学理论，不断完善机械加工手段，终于在1900年制成了当时最先进的滑翔机。莱特兄弟的飞机，现在看起来，结构相当简单。它前后各有两层互相平行的翼面，还有一片竖着的小翼面伸在前面。各机翼之间由许多支柱、张线之类的东西连着，看上去很像一个笨重的"书架"。特别值得一提的是，莱特兄弟已经学会给飞机装上翼面，飞机正是靠着翼面才升到空气中去了。古时候，我们的祖先们就开始对鸟的飞行方法进行观察和研究，曾经有披上羽毛学鸟儿那样扑翼飞行，而且，也有人试造过木鸟，但最终都没有能够获得成功。因为人体的结构同鸟类是截然不同的，人的胳膊所能产生的支持身体的力量，和鸟的翅膀比起来，相对来说要小得多，所以，人没有那么大的力气扇动"翅膀"使自己飞起来。

看样子，扑翼这一条路是走不通了，莱特兄弟在经过无数次的探索、试验之后，最后决定，给飞机安上固定的翅膀，即机翼。从此，机翼就成了飞机的重要组成部分，它的形状比较特别：下面几乎是平直的，上面是弯曲的。飞机飞行的时候，在它上面流过的空气比它下面流过的快，形成了压力差，下边的气压比上边的气压大。于是，翅膀下面的空气就产生了垂直向上的升力，把飞机托上空中，气流的速度越大，对翅膀产生的升力越大。兄弟俩进行了连续多次的试飞试验，从1900年到1902年，共进行了1000多次滑翔试验，终于初步掌握了操纵滑翔机的方法，并在空中成功地实现了倾斜滑行、空中转弯等高难度的滑翔动作。莱特兄弟还于1902年装制成配有活动方向舵的滑翔机，这在当时的世界上，毫无疑问是处于领先地位的。但是，莱特兄弟还觉得有一个难题没有解决，这就是，仅仅依靠无动力滑翔是不能够实现飞天梦想的，必须依靠动力才能完成真正意义上的飞行。当时，蒸汽机在人们的生活中已经得到了广泛的运用，但是，在飞机上利用蒸汽机作为动力源是根本不可能的。因为蒸汽机的体积太大，而内燃机则有可能帮助他们实现这个古老的梦想。

内燃机的基本特点是让燃料在机器的气缸内燃烧，生成高温高压的燃气，利用这个燃气作为工作物质去推动活塞做功。属于内燃机的汽油机是在1876年发明的，柴油机是在1892年发明的。内燃机体积小，使用起来比蒸汽机方便多了。19世纪末，汽油机的转速约为500～800r/min，20世纪初，提高到1000～1500r/min，它已经具有安装在飞机上的可能性。1903年年初，莱特兄弟为了使飞机实行动力滑翔，从而实现真正意义上的飞行，决定在滑翔机上安装汽油活塞发动机。汽油机是用汽油作燃料的内燃机，气缸里的活塞用连杆跟曲轴相连，气缸上面有进气门和排气门，气缸顶部有火花塞。汽油活塞发动机在工作的时候，活塞在气缸里往复运动。活塞从气缸一端到另一端叫做一个冲程。四冲程汽油的工作过程是由吸气、压缩、做功、排气四个冲程组成的。但是，莱特兄弟对于汽油机的工作原理及使用可以说是一无所知，只好从头学起。他们买来了一台废旧的汽油机，拆下来再装下去，装好了再拆下来，总算弄清了汽油机的结构。又经过无数次的试验，这才学会使用汽油机。为了搞清楚滑翔机上究竟装多大的重量才比较合适，他们又一次次地装沙袋进行试验，这才搞清了他们的滑翔机最大载重不能超过90kg，但当时最轻的汽油机也有140kg重，怎么办呢？他们又去请教有关专家。精诚所至，金石为开。在这位技师的帮助下，他们终于制造出了一部4个气缸、12马力、重70kg左右的汽油发动机。接下来，他们又在滑翔机上安装了螺旋桨。当一切都准备就绪，他们便决定试飞。在一个金风送爽、丹桂飘香的秋日，大地沉湎在丰收的喜悦之中。兄弟俩转动螺旋桨、启动汽油机、点火、给油、松开离合器，随即汽油机便突突突地运转起来，看样子，这次试飞有希望获得成功。

莱特兄弟缓慢地加大油门，放开了飞机制动器。飞机开始起飞，由慢变快，缓缓地向前驶去。他们想操纵飞机从滑行进入爬升状态，便把操纵杆立到了尽头，然而，这只不听话的飞机仍在地上滑行；最后，撞到了一个不大的小山上，停住了，这次试飞失败了。好在人没有出事。兄弟俩没有因为这次失败而放弃，而是认真地去寻找失败的教训。经过苦苦地思索，他们终于找到了失败的原因。以前，他们只是考虑到如何减轻发动机的重量，而没有设法减轻飞机的自重。于是，他们又采用轻质木料作为飞机的骨架，用帆布作为飞机的基本材料，于1903年11月底，又研制成功一架双翼飞机，莱特兄弟给这架飞机命名为"飞行者号"。

"飞行者号"飞机以双层机翼提供升力，活动方向舵可以操纵升降和左右盘旋，汽油发动机推动螺旋桨，驾驶员俯卧在下层主翼正中操纵飞机。这架飞机结构非常简单，没有带外壳的机身，也没有起落架。飞机靠带轮子的小车在滑轨上起飞。加上驾驶员，飞机全部重量才只有340多kg。在美国北卡罗纳州基蒂霍克的一片荒凉的土地上，随着一阵震耳欲聋的轰鸣声，"飞行者号"慢慢离开了地面。1m，2m……莱特兄弟俩的心都快蹦出嗓子了。在12s内，他们呕心沥血研制而成的这架飞机，跌跌撞撞，像一个喝醉了酒的醉汉似地，在空中大约飞行了35m的距离，飞机超出地面1m多。试飞终于成功了，兄弟俩激动地热烈拥抱，连呼万岁，这次成功，终于实现了人类几千年来依靠机器动力飞上天空的梦想。莱特兄弟的飞机，最初没有被美国政府重视。有一次，应法国政府的邀请，莱特兄弟携带飞机去法国进行飞行表演，创造了连续飞行2h20min23s的新纪录。这次表演成功，在法国引起了很大的轰动，法国人奔走相告，这真是"墙内开花墙外香"，它促使法国加紧研制真正意义上的飞机，法国也因此一跃而成为世界飞机制造的中心。莱特兄弟飞机飞行的成功，使定翼飞机得到了迅速的发展，在各类飞行器中始终处于领先地位。

第一次世界大战期间，应空中作战、侦察和运输的需要，世界上许多国家都争先恐后地研制飞机，战争期间各国共生产出各种各样的飞机近20万架。1911年，硬铝研制成功了。由于铝合金质地轻、强度大，人们很快就把它作为制造飞机的原材料。1915年，出现了铝合金的单翼机。飞机原来是木质结构，后来逐渐过渡到全金属结构。飞机的发动机和操纵系统也作了许多的改进。这样，飞机飞行的速度就越来越高，到1939年，达到了时速 755.138km，比莱特兄弟的飞机提高了几十倍。

1941 年，英国人制成了涡轮喷气式飞机。1959 年，美国人制造成功波音 707 - 321 型喷气式客机，全部航程达 5000km。如今，人类的航空事业已得到高速度的发展，如图 3-15 所示，但是，人们永远不会忘记莱特兄弟为人类实现飞天梦想所作出的巨大的努力，他们的"飞行者号"将永载史册。

图 3-15　快速发展中的航空

3.2.7　联想法

联想法就是迁移法，把某种事物的优点移到另一种事物上，从而创造出一种新的东西的方法。例如，传统使用的锯都是扁薄长形的金属片，而且利用人力来操作。1812 年，美国一位名叫泰比达·芭碧的主妇到她丈夫的水力磨坊中去看工人工作得到启发。她用迁移法发明了圆锯。圆锯如图 3-16 所示。

发现电风扇定时器的定时功能的好处，把定时器移到电热棒中，就创造出定时电热棒；移到抽水机上就创造出定时抽水机；移到煤气罐上就创造出定时煤气灶。

3.2.8　发散思维和集中性思维相结法

发散思维和集中性思维相结法就是多角度思考问题，最后集中到某个问题上取得突破的方法。例如，爱迪生发明电灯的故事。他发明电灯时，光收集资料，就用了 200 本笔记本；为了找到合适的灯丝，先后用过铜丝、白金丝等 1600 多种材料，还用过头发和各种不同的竹丝，这属于发散性思维。最后在别的科学家的启发下，采用了碳丝作为灯丝，创造了第一代的电灯，这是集中性思维。爱迪生与他发明的电灯如图 3-17 所示。

图 3-16　圆锯

图 3-17　爱迪生与他发明的电灯

爱迪生是一位伟大的电学家、发明家。他生于美国俄亥俄州的迈兰，自幼就在父亲的木工厂做工，由于家庭贫困，一生只在学校读过三个月书。但他从小热爱科学，自己刻苦钻研，醉心于发明，正式登记的发明达 1328 种，被称为世界发明大王。他的发明创造不仅靠聪明才智，而且靠艰辛的科学实践。正如他自己所说："发明是 1% 的灵感加上 99% 的血汗。"

📚 案例3-6　拨蛏器

蛏，是我国东南沿海常见的贝类，拨开蛏壳，里面的蛏肉是十分鲜美的佳肴。但拨蛏壳取蛏肉，是一件很麻烦的事，因蛏壳很薄易碎，用徒手拨很容易把蛏壳弄破，而破蛏壳混在蛏肉里，人吃时就很危险，不小心卡在喉咙里可能就要动手术。

怎么办呢？根据发散思维与集中思维相结合的方法，在平时拨蛏时一直在琢磨如何改进。把蛏壳先取下，用空蛏壳插入活蛏拨蛏，这样速度快了许多，但是，空蛏壳很容易破，还是解决不了根本问题；用塑料勺根的柄加工成蛏壳形状，但塑料勺根的柄又有缺陷，厚的不好拨，薄的容易坏；我用银加工成蛏壳形状，这样很好拨，但银做的价钱很贵；用铜加工成蛏壳形状，这样很好拨，价钱也便宜，但铜也会生铜锈；最后用不锈钢加工成蛏壳形状，这样很好拨，价钱也便宜，又不会生锈。若厂家用冲床制造，成本就更便宜。通过实验，用手拨每分钟只能拨 7 个，而且拨碎很多蛏壳，用不锈钢加工成的拨蛏器每分钟能拨 15 个，而且没有什么碎蛏壳。拨蛏器成功申请专利，并加工成产品投放市场，为广大人民服务。

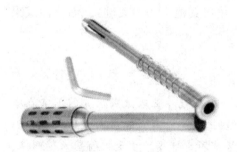

图 3-18　拨蛏器

3.2.9　捕捉灵感法

捕捉灵感法就是怎样学会及时捕捉创造过程中瞬间灵感的方法。在创造活动中，有时会碰到一种现象：人在科学、技术或文艺创作中，某些新的概念、新的设想、新的人物形象会突然产生。人们把这种现象叫做"灵感"。著名科学家钱学森教授说："灵感，是人在科学或文艺创作的高潮中，突然出现的、瞬息即逝的短暂思维过程。它不是逻辑思维，也不是形象思维，这后两种思维持续时间都很长，以致人们所说的废寝忘食。而灵感却为时极短，几秒钟、一秒钟而已。"那么，灵感是不是完全不可控制呢？不是，肯定不是。钱学森教授说："有一点是肯定的，人不求灵感，灵感也不会来。得灵感的人总是要经过一长段其他两种思维的苦苦思索来作其准备的。所以，灵感还是人自己可以控制的大脑活动，是一种思维。"

既然灵感不是天生的，是一种思维，那么我们怎样才能学会捕捉灵感呢？由于灵感学还不像逻辑学那样成熟。目前我们能提供的还只是经验。通常人们认为应当做到以下六点。

（1）长期地进行预备劳动

灵感不是天上掉下来的，是人脑进行创造性活动的产物。对问题的长期探讨是捕获灵感的最基本条件。这包括要具备一定的专门知识，对要解决的问题进行过反复的思考和艰苦的探索过程，有成功的经验，更多的是失败的教训。

（2）珍惜灵感出现的最佳时机

经验告诉我们，灵感往往在经过长期紧张思索之后的暂时松弛状态下产生，比如在散步时，或者是上下班的路上，或者是赏花、钓鱼、听音乐时。

（3）原型启发是一条重要途径

有些日常的事物，对于经过长期紧张的思索之后，由于这些事物与所要解决的问题有相似之处，通过联想，给人以启发，可以找到解决问题的新方案。

（4）摆脱习惯性思维程序的束缚

按照固定的思路考虑问题，往往容易使思路闭塞和思想僵化。暂时把问题搁在一边，就可以摆脱习惯性思维的束缚。

（5）随时带着纸和笔

灵感的出现总是突然的，预料不到的。为了及时捕捉灵感，就要在灵感出现的时候立即记录下来，有时候记都来不及，就对着录音机讲述录音。

（6）保持乐观镇静的心情

焦虑不安、悲观失望、情绪波动都能降低人的智力水平，影响创造性活动的进行。心胸开阔、乐观的情绪容易使人浮想联翩，创造性思维活跃。灵感往往会这时光顾。最后，还要说明一句，灵感只解决契机（指一事物转化成其他事物的关键）。创造性成果还要在契机到来之后经过艰苦奋斗方可获得。

 案例 3-7　阿基米德原理的发现

叙古拉国王艾希罗交给金匠一块黄金，让他做一项王冠。王冠做成后，国王拿在手里觉得有点轻。他怀疑金匠掺了假，可是金匠以脑袋担保说没有，并当面拿秤来称，结果与原来的金块一样重。国王还是有些怀疑，可他又拿不出证据，于是把阿基米德叫来，要他来解决这个难题。回家后，阿基米德闭门谢客，冥思苦想，但百思不得其解。

一天，他的夫人逼他洗澡。当他跳入池中时，水从池中溢了出来。阿基米德听到那哗哗哗的流水声，灵感一下子冒了出来。他从池中跳出来，连衣服都没穿，就冲到街上，高喊着："优勒加！优勒加！（意为发现了）"。夫人这回可真着急了，嘴里嘟囔着"真疯了，真疯了"，便随后追了出去。街上的人不知发生了什么事，也都跟在后面追着看。

原来，阿基米德由澡盆溢水找到了解决王冠问题的办法：相同质量的相同物质泡在水里，溢出的水的体积应该相同。如果把王冠放到水了，溢出的水的体积应该与相同质量的金块的体积相同，否则王冠里肯定掺有假。阿基米德原理的发现如图 3-19 所示。

图 3-19　阿基米德原理的发现

阿基米德跑到王宫后立即找来一盆水，又找来同样重量的一块黄金，一块白银，分两次泡进盆里，白银溢出的水比黄金溢出的几乎要多一倍，然后他又把王冠和金块分别泡进水盆里，王冠溢出的水比金块多，显然王冠的质量不等于金块的质量，王冠里肯定掺了假。在铁的事实面前，金匠不得不低头承认，王冠里确实掺了白银。烦人的王冠之谜终于解开了。

3.2.10 仿生法

仿生法就是模仿生物"形""色""音""功能""结构"等，从而发明创造出新事物的方法。自古以来，自然界就是人类各种科学技术原理及重大发明的源泉。生物界有着种类繁多的动植物及物质存在，它们在漫长的进化过程中，为了求得生存与发展，逐渐具备了适应自然界变化的本领。人类生活在自然界中，与周围的生物作"邻居"，这些生物各种各样的奇异本领，吸引着人们去想象和模仿。

仿生学的研究范围主要包括：力学仿生、分子仿生、能量仿生、信息与控制仿生等。

 案例 3-8 苍蝇与宇宙飞船

令人讨厌的苍蝇与宏伟的航天事业似乎风马牛不相及，但仿生学却把它们紧密地联系起来了。苍蝇是声名狼藉的"逐臭之夫"，凡是腥臭污秽的地方，都有它们的踪迹。苍蝇的嗅觉特别灵敏，远在几千米外的气味也能嗅到。但是苍蝇并没有"鼻子"，它靠什么来充当嗅觉的呢？原来，苍蝇的"鼻子"——嗅觉感受器分布在头部的一对触角上。每个"鼻子"只有一个"鼻孔"与外界相通，内含上百个嗅觉神经细胞。若有气味进入"鼻孔"，这些神经立即把气味刺激转变成神经电脉冲，送往大脑。大脑根据不同气味物质所产生的神经电脉冲的不同，就可区别出不同气味的物质。因此，苍蝇的触角像是一台灵敏的气体分析仪。

仿生学家由此得到启发，根据苍蝇嗅觉器的结构和功能，仿制成功一种十分奇特的小型气体分析仪。这种仪器的"探头"不是金属，而是活的苍蝇。就是把非常纤细的微电极插到苍蝇的嗅觉神经上，将引导出来的神经电信号经电子线路放大后，送给分析器；分析器一经发现气味物质的信号，便能发出警报。这种仪器已经被安装在宇宙飞船的座舱里，用来检测舱内气体的成分。苍蝇气体分析仪示意图如图 3-20 所示。

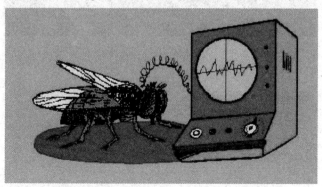

图 3-20 苍蝇气体分析仪示意图

这种小型气体分析仪也可测量潜水艇和矿井里的有害气体。利用这种原理，还可用来改进计算机的输入装置和有关气体色层分析仪的结构原理。

案例3-9　人工冷光

从萤火虫到人工冷光，自从人类发明了电灯，生活变得方便、丰富多了。但电灯只能将电能的很少一部分转变成可见光，其余大部分都以热能的形式浪费掉了，而且电灯的热射线有害于人眼。那么，有没有只发光不发热的光源呢？人类又把目光投向了大自然。在自然界中，有许多生物都能发光，如细菌、真菌、蠕虫、软体动物、甲壳动物、昆虫和鱼类等，而且这些动物发出的光都不产生热，所以又被称为"冷光"。

在众多的发光动物中，萤火虫是其中的一类。萤火虫约有1500种，它们发出的冷光的颜色有黄绿色、橙色，光的亮度也各不相同。萤火虫发出冷光不仅具有很高的发光效率，而且发出的冷光一般都很柔和，很适合人类的眼睛，光的强度也比较高。因此，生物光是一种人类理想的光。科学家研究发现，萤火虫的发光器位于腹部。这个发光器由发光层、透明层和反射层三部分组成。发光层拥有几千个发光细胞，它们都含有荧光素和荧光酶两种物质。在荧光酶的作用下，荧光素在细胞内水分的参与下，与氧化合便发出荧光。萤火虫的发光，实质上是把化学能转变成光能的过程。早在40年代，人们根据对萤火虫的研究，创造了日光灯，使人类的照明光源发生了很大变化。近年来，科学家先是从萤火虫的发光器中分离出了纯荧光素，后来又分离出了荧光酶，接着，又用化学方法人工合成了荧光素。由荧光素、荧光酶、ATP（三磷酸腺苷）和水混合而成的生物光源，可在充满爆炸性瓦斯的矿井中当闪光灯。由于这种光没有电源，不会产生磁场，因而可以在生物光源的照明下，做清除磁性水雷等工作。现在，人们已能用掺和某些化学物质的方法得到类似生物光的冷光，作为安全照明用。人工冷光源如图3-21所示。

图3-21　人工冷光源

案例3-10　电鱼与伏特电池

自然界中有许多生物都能产生电，仅仅是鱼类就有500余种。人们将这些能放电的鱼，统称为"电鱼"。各种电鱼放电的本领各不相同。放电能力最强的是电鲼、电鲇和电鳗。中等大小的电鲼能产生70V左右的电压，而非洲电鲼能产生的电压高达220V；非洲电鲇能产生350V的电压；电鳗能产生500V的电压，有一种南美洲电鳗竟能产生高达880V的电压，称得上电击冠军，据说它能击毙像马那样的大动物。电鱼放电的奥秘究竟在哪里？经过对电鱼的解剖研究，终于发现在电鱼体内有一种奇特的发电器官。这些发电器是由许多叫电板或电盘的半透明的盘形细胞构成的。由于电鱼的种类不同，所以发电器的形状、位置、电板数都不一样。电鳗的发电器呈棱形，位于尾部脊椎两侧的肌肉中；电鳐的发电器形似扁平的肾脏，排列在身体中线两侧，共有 200 万块电板；电鲶的发电器起源于某种腺体，位于皮肤与肌肉之间，约有 500 万块电板。单个电板产生的电压很微弱，但由于电板很多，产生的电压就很大了。电鱼这种非凡的本领引起了人们极大的兴趣。19 世纪初，意大利物理学家伏特，以电鱼发电器官为模型，设计出世界上最早的伏打电池。因为这种电池是根据电鱼的天然发电器设计的，所以把它叫做"人造电器官"。对电鱼的研究，还给人们这样的启示：如果能成功地模仿电鱼的发电器官，那么，船舶和潜水艇等的动力问题便能得到很好的解决。电鱼如图 3-22 所示。

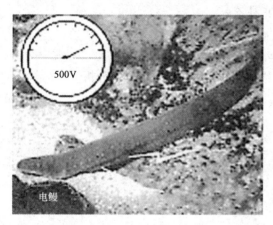

图 3-22　电鱼

案例 3-11　水母耳风暴预测仪

"燕子低飞行将雨，蝉鸣雨中天放晴。"生物的行为与天气的变化有一定关系。沿海渔民都知道，生活在沿岸的鱼和水母成批地游向大海，就预示着风暴即将来临。水母，又叫海蜇，是一种古老的腔肠动物，早在 5 亿年前，它就漂浮在海洋里了。这种低等动物有预测风暴的本能，每当风暴来临前，它就游向大海避难去了。

原来，在蓝色的海洋上，由空气和波浪摩擦而产生的次声波（频率为每秒 8～13 次）总是风暴来临的前奏曲。这种次声波人耳无法听到，小小的水母却很敏感。仿生学家发现，水母的耳朵的共振腔里长着一个细柄，柄上有个小球，球内有块小小的听石，当风暴前的次声波冲击水母耳中的听石时，听石就刺激球壁上的神经感受器，于是水母就听到了正在来临的风暴的隆隆声。仿生学家仿照水母耳朵的结构和功能，设计了水母耳风暴预测仪，如图 3-23 所示，相当精确地模拟了水母感受次声波的器官。把这种仪器安装在舰船的前甲板上，当接受到风暴的次声波时，可令 360° 旋转的喇叭自行停止旋转，它所指的方向，就是风暴前进的方向；

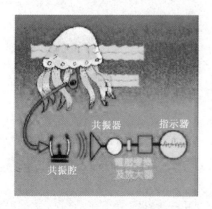

图 3-23　水母耳风暴预测仪示意图

指示器上的读数即可告知风暴的强度。这种预测仪能提前15h对风暴作出预报，对航海和渔业的安全都有重要意义。

任务与思考

1. 天降鸡蛋会破吗？
2. 应用小人法进行创新的不同步骤有哪些？
3. 分析金鱼法图如何破解思维定势的？
4. 金鱼法在应用过程中需要注意的事项是什么？
5. STC算子的含义与应用原则是什么？
6. 列举转移法进行创新的实际生活案例？
7. 分析中国高铁技术发展过程中有哪些科技创新方法？并进行详细分析。

第4章

创新技能——文献检索

◂◂◂

目前信息大爆炸的时代，进行创新就需要掌握文献检索的能力，通过文献检索了解本领域的最新发展趋势，利用已有的成果进行创新对于大学生具有重要的意义。

4.1 大学生必备的信息素质

4.1.1 信息素质

信息素质是终生教育的一项基本人权。信息素质是一种终身学习和自主学习的意识、方法和权利。信息素质是信息时代学习者的执照，信息素质是衡量大学生是否合格的重要标志。

信息素质既是一种能力素质，更是一种基础素质，指在信息化社会，人们所具备的信息处理所需要的实际技能和对信息进行筛选、鉴别和利用的能力。其主要内涵可以归纳为：信息意识、信息能力、信息道德。

4.1.2 信息素质的内涵

① 信息意识：信息意识是指信息在人们头脑中直接反映的总和，它包含了对于信息敏锐的感受力、持久的注意力和对信息价值的判断力及洞察力。

② 信息能力：信息能力指人们获取（收集）信息、处理（整序）信息、利用信息、评价信息进而创造新信息和新知识的能力。

③ 信息道德：指人们在信息活动中应遵循的道德规范。如保护知识产权、尊重个人隐私、抵制不良信息等。学术研究应坚持严肃认真、严谨细致、一丝不苟的科学态度。不得虚报教学和科研成果，反对投机取巧、粗制滥造、盲目追求数量不顾质量的浮躁作风和行为。学术评价应遵循客观、公正、准确的原则，如实反映成果水平。学术论著的写作应树立法制观念，保护知识产权，要充分尊重前人劳动成果。《中华人民共和国著作权法》规定合作创作的作品，其版权由合作者共同享有。未参加创作，不可在他人作品上署名。不允许剽窃、抄袭他人作品。禁止在法定期限内一稿多投，合理使用他人作品的有关内容。

4.2　信息、文献基本概念

4.2.1　信息和文献的基本概念

（1）信息论

信息论创始人申农在 1948 年《通信的数学理论》中指出："凡是在一种情况下能减少不确定性的任何事物都叫做信息（Information）。"信息是事物存在方式和运动状态的表征，可以理解为通过信号传来的消息。文献的定义是记录有知识的一切载体。它的延伸含义是记录有知识或信息的物质载体。因此，文献具有如下属性：知识或信息性、物质实体性、人工记录性（出土文物是文献，动、植物化石不是文献）、动态发展性（数量日趋庞大、生命周期日趋缩短）。

文献的近义词是信息、知识、情报。作为载体它为我们提供信息、知识和情报。文献信息就是文献这种载体为我们提供的信息，它既指文献本身，又指文献中所包含的信息内容。

信息的特性：普遍性、客观性、中介性、可传递性、可存储性、可识别性、可消除不确定性、可替代性、可共享性及增值性。

（2）信息、知识与文献

数据是对客观事物本身运动的记录，是信息的原材料。信息是有组织的数据，是对数据整理提炼出来的消息，是知识得以形成和传播的中介，而不是知识本身。知识是对信息的理解与认识。知识是经过精心研究、领会后的有用信息，是人类对信息加工处理后的产物。获得知识有赖于获得信息；文献是记录有知识的载体。信息的结构如图 4-1 所示。

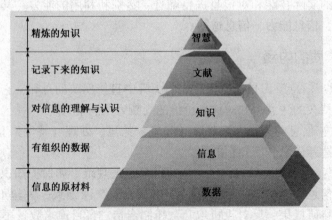

图 4-1　信息的结构

信息、知识与文献可以相互进行演化，其演化的关系如图 4-2 所示。

文献的定义：教科文组织认为可作为一个单元识别的，在载体内、载体上或依附于载体而存储有知识或信息的载体。根据我国国家标准，记录有知识的载体叫文献。我国古代的文献如图 4-3 所示。

文献的三要素：要有一定的知识内容；要有用以保存和传递知识的记录方式，如文字、图形符号、视频、声频等技术手段；要有记录知识的物质载体，如纸张、感光材料、磁性材料等。

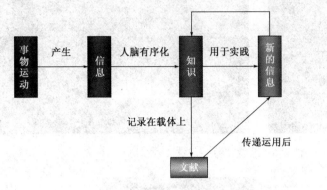

图 4-2　信息演化

图 4-3　古代文献

4.2.2　文献的分类与组织

科技文献可以从四个角度划分，划分方法如图 4-4 所示。

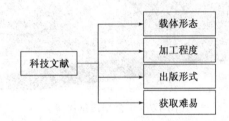

图 4-4　科技文献的划分角度

（1）按载体形式分

刻写型：甲骨文、金文、手稿、信件。刻写型科技文献如图 4-5 所示。

图 4-5　刻写型科技文献

印刷型：书刊、报纸。
缩微型：缩微胶片、缩微平片，实际案例如图 4-6 所示。
机读型：数据库、电子书、计算机文件、光盘，实际案例如图 4-7 所示。
声像型：录音带、录像带、胶卷。

图 4-6　缩微胶卷

图 4-7　机读型信息存储

（2）按文献的出版形式分

按文献的出版形式划分为图书、技术标准、期刊、科技报告、会议文献、政府出版物、专利文献、技术档案、学位论文、产品说明书。

图书：凡篇幅达 50 页以上并构成一个书目单元的正式出版物称为图书。它的特点是主题突出、内容系统、论述全面深入、知识成熟稳定、有统一的 ISBN 号。但出版的周期长，因而其内容一般就缺乏最新的研究成果。

期刊：期刊又称杂志，它是指定期或不定期连续出版的、有统一的名称、固定的版式、有连续的序号、汇集了多位作者分别撰写的多篇文章，并由专门的机构编辑出版。它具有出版周期短、刊载数量大、内容新颖、发行广泛等特点，科技期刊是最重要的一次文献。

会议文献：指在国内外各专业学术会议上发表的论文或报告，具有内容新、专业性强、质量高的特点。它反映了科学技术的最新成就和研究动态。

专利文献：专利文献是记录有关发明创造信息的文献，蕴含着技术信息、法律信息和经济信息。广义的专利包括专利申请书、专利说明书、专利公报和专利检索工具，以及与专利有关的一切资料；狭义的专利仅指各国专利局出版的专利说明书。专利文献具有新颖性、创造性、实用性三大特点。它内容详尽、具体，并有附表，往往反映一个国家当前科学技术研究的最新水平。

学位论文：指高等院校、科研机构的毕业生或研究人员为申请授予学位而撰写的学术研究论文。学位论文内容系统、完整、详细，但一般不公开发行。

标准文献：是按规定程序制订，经权威机构或主管部门批准的在特定范围内执行的规格、规则、技术要求等规范性文件。特点是标准的制订、审批程序有专门规定，并有固定的代号；一个标准一般只能解决一个问题；时效性强；不同种类、不同级别的标准在不同范围内执行；有一定的法律效力和约束力。

科技报告：是关于某项科学研究成果的正式报告或是研究过程中对某一阶段进展情况的实际报告。它的内容比较深、具体，大多涉及尖端学科，具有较强的保密性。科技报告不定期出版，一个报告为一个单行本，有统一编号。

政府出版物：指由国家政府部门及其所属专门机构出版发行的有关文件资料。特点是内容广泛，涉及各学科领域；具有正式性、权威性；售价低廉。

科技档案：指科研机构或技术生产部门在从事科研生产中所形成的技术文件。它的内容准确、真实，具有保密性和内部使用的特点。

产品资料：指对定型产品的性能、结构原理、规格、用途、使用特点和维修方法等做的具体说明。它具有直观性、技术成熟、数据可靠、出版迅速的特点。

（3）按加工程度分

按加工程度分为零次文献、一次文献、二次文献、三次文献。

零次文献：还未形成一次文献的非出版物；论文草稿、谈话记录、实验记录、书信……普通网页、电子邮件等。

一次文献：作者以他本人的科研成果为依据而撰写的原始著作，如期刊论文、学位论文专著。

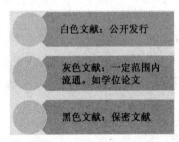

图4-8 按照获取难度划分的文献分类

二次文献：将分散的、无组织的一次文献加工、整理、简化，并按一定原则组织，以便于查找利用的文献，如书目、文摘。

三次文献：根据特定的需要与目的，选择一定范围的一次文献，并对其进行分析、浓缩、综合或加以评论而形成的文献。

（4）按获取难易程度分

按照文献获取难度进行分类，分类结果如图4-8所示。

4.2.3 文献分类与编排

文献分类的意义在于，它给文献整理和排架提供了依据，将内容相近或相似的文献放在一起，利于查找和利用，是整理文献的必要手段之一。

① 分类法：文献分类法是按文献的内容、形式、体裁和读者用途等，在一定的哲学思想的指导下，运用知识分类的原理，采用逻辑方法（层次型或树型）编制出来的。这是一种从总到分、从一般到具体，层层划分、逐级展开的分门别类的符号代码体系。

中国图书馆图书分类法《中图法》所依据的指导思想是马列主义、毛泽东思想、邓小平理论，把全部的知识门类分为马列主义、毛泽东思想、邓小平理论；哲学；社会科学；自然科学；综合性图书这五大部类，在此基础上建成了由22个大类组成的体系系列。在大类的基础上，逐级展开为384个小类，用字母和数字表示。根据需要再逐级细分，形成了严密的分类体系。分类如图 4-9 所示。

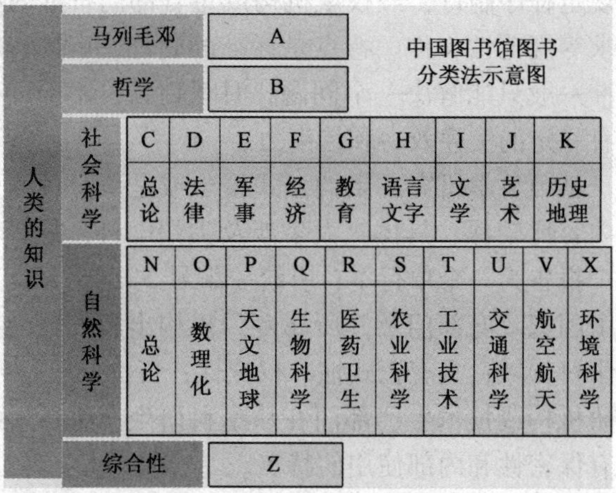

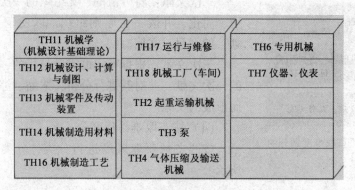

图 4-9　中国图书馆图书分类法

② 索书号/索取号：分类号是图书馆工作人员根据文献在分类表中所属类别赋予的号码。为了区分同一类别的不同图书，每一种书又被赋予了书次号，分类号和书次号合在一起就是索书号，表达了文献的唯一物理位置，能唯一锁定个体图书馆的一种书，是读者查找文献的重要依据。

③ 系统号：每个数据库系统给予该系统记录的唯一识别号码。

书库图书和期刊都是按《中图法》分类号顺序排架的，以 TH 机械仪表、TP 自动化等专业工艺为例，其排架示意图如图 4-10 ~ 图 4-13 所示。

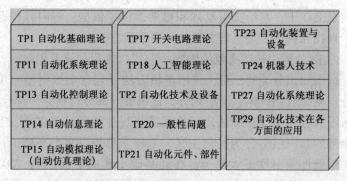

图 4-10　TH 排架示意图

图 4-11　TP 排架示意图

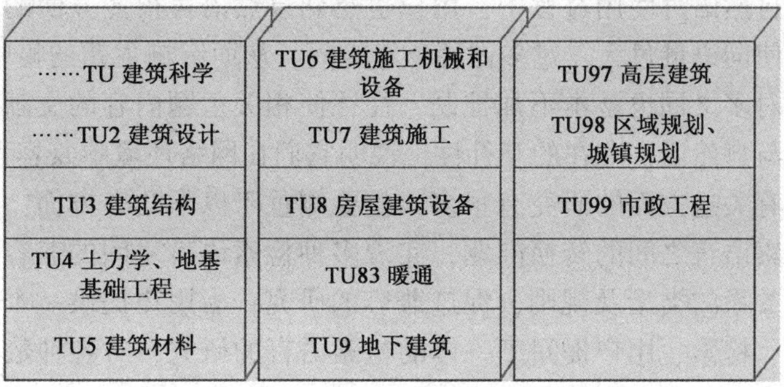

······TU 建筑科学	TU6 建筑施工机械和设备	TU97 高层建筑
······TU2 建筑设计	TU7 建筑施工	TU98 区域规划、城镇规划
TU3 建筑结构	TU8 房屋建筑设备	TU99 市政工程
TU4 土力学、地基基础工程	TU83 暖通	
TU5 建筑材料	TU9 地下建筑	

图 4-12　TU 排架示意图

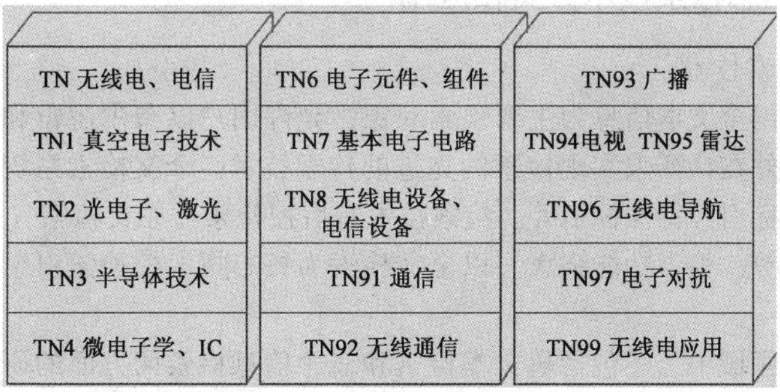

TN 无线电、电信	TN6 电子元件、组件	TN93 广播
TN1 真空电子技术	TN7 基本电子电路	TN94电视 TN95 雷达
TN2 光电子、激光	TN8 无线电设备、电信设备	TN96 无线电导航
TN3 半导体技术	TN91 通信	TN97 电子对抗
TN4 微电子学、IC	TN92 无线通信	TN99 无线电应用

图 4-13　TN 排架示意图

4.3　文献信息检索应用

4.3.1　文献信息"检索语言"的应用

　　检索语言是建立和利用检索系统必要的语言，无论是信息的存储还是信息的检索，都离不开检索语言。它在信息存储和检索过程中，主要是对信息的内容及其外部特征加以规范化的标引，对内容相同及相关的信息加以集中或揭示其相关性。传统的文献检索系统是采用对自然语言事先规范而形成的受控语言（如分类表、主题词表）来描述文献信息特征，生成概念及其概念标识系统，人们通过分类表中的分类符号或主题词表中的主题词（或叙词）作为控制检索的入口格式进行检索。受控语言对语义和句法上的控制策略显示了自身的优势：标引时可以集中相关文献，提高检全率；能显示概念间的各种关系，有利于及时调整检索策略等。但受控语言只适用文献数量有限，以手工检索方式为主的系统，它是支持"提问—检索"模式必要的检索语言。

　　随着网络通信技术的发展和广泛使用，文献尤其是非文献信息数量大量增长，受控语言的专业性太强，应用范围有限，更新维护困难等不足之处日显突出，自然语言恰恰可以弥补这一不足。所谓自然语言是指作者的书面语言，用自然语言可以减少概念间转换产生的误差，检索入口词多，操作简单方便，也可以适合专业人员之外的广大用户群。随着自然语言标引技术的日渐成熟，电子文本的大量存在，越来越多的最终用户进行网上信息查询，自然语言的网上应用可行性大大增强了。

但是在网上自然语言使用过程中，用户也感到自然语言很多方面的不足，如选词不加严格控制，致使词语量过大，过多占用磁盘空间，从而影响主题的集中，降低查准率。同时，自然语言对多义词也基本不加控制，往往使相关主题内容的文献分散，从而造成漏检。受控语言与自然语言存在的互补性，说明它们在网络环境中兼容和整合的必要性。近年来，国内外有关这方面的研究有很多，主要侧重于以下几个方面：建立一种中介语言，解决不同检索语言之间的转换问题，实现多种检索语言之间的兼容；制定不同词表中相关概念之间关系的类型及规则，促进兼容的研究；为用户提供一个透明易用性的窗口，创造集标引、检索、用户提问于一体的检索语言的研究；对各种数据库采用不同的检索语言进行综合、集成方法的研究。

4.3.2　文献信息检索技术分类和应用

（1）全文检索技术

全文检索是以全文本信息为主要检索对象，允许用户以布尔逻辑和自然语言，根据资料内容而不是外在特征来实现检索的先进的检索技术。全文检索系统标引方式有词典法标引、单汉字标引、特殊标引等。检索技术有后控检索、原文检索（含位置检索）期望值与加权检索等，检索功能强大。以全文检索为核心技术的搜索引擎已成为因特网时代的主流技术之一。

在全文检索领域中，还包括超文本检索和概念信息检索两方面的研究内容。超文本检索技术是以超文本网络为基础的信息检索技术。在超文本检索系统中正文信息是以节点而不是以字符串为信息单元，节点间的各种链接关系可以动态的选择激发，通过链从一个节点跳到另一个节点，实现联想式检索。1945 年美国计算机科学家范尼瓦•布什首先提出了超文本思想。1965 年美国的泰得•纳尔逊（Ted Nelson）提出了超文本（Hypertext）概念。1967 年美国布朗大学研制成功世界上第一个超文本系统——超文本编辑系统（Hypertext Editing System）。因特网上的搜索引擎代表了超文本检索技术的发展水平，有的还有自动分类、自动文摘、自动索引等功能。著名的超文本检索系统有 Yahoo、WebCrawler 等。

概念信息检索，又称基于知识信息检索，是基于自然语言处理中对知识在语义层次上的析取，并由此形成知识库，然后根据对用户提问的理解来检索其中的相关信息。它与传统信息检索的不同之处在于，后者是基于关键词（主题词）为核心的标引与检索，而关键词在很多情况下并不适合用于确切表达文献信息的概念和内容，因此误检与漏检在所难免。而概念信息检索的倡导者认为，它可以对输入的原文内容中的概念而不是关键词来进行组织和安排，在对其进行语义层次上的自然语言处理基础上来获取相关的概念和范畴知识，然后通过记忆机制将它们存储到知识库中以备检索。概念信息检索的理论框架最早由美国著名的人工智能专家 Schank、Kolodner 和 Dejong 在 1981 年发表的《概念信息检索》一文中建立的。自 1981 年以来，一些概念信息检索系统相继推出，它们具备了一些智能检索的特性，有较强的分析和理解能力。Web 上的 Excite 搜索引擎即是采用概念检索技术的数据库。

（2）基于内容检索技术

基于内容检索即多媒体信息检索，20 世纪 90 年代初国际上就开始了这方面的研究。它是直接对图像、视频、音频等多媒体信息进行分析，抽取特征和语义，利用这些内容特征建立索引，然后进行检索。

目前，大量的原型系统已推出，典型的系统有 IBM 公司的 QBIC 系统等。超媒体检索是超文本检索的自然扩展，检索对象由文本扩展为多媒体信息。它的检索方法与超文本检索是一样的。目前，超媒体检索正向智能超媒体检索和协作超媒体检索方向发展。WWW 是第一个全球性分布式超媒体系统。

（3）WWW 信息检索技术

WWW 上主要是利用搜索引擎为检索手段，它的检索方式有分类目录式（网站级）检索、全文（网页级）检索等几种方式。分类目录式检索即超文本检索；在全文检索方式中，搜索引擎使用网络信息资源自动采集机器人（Robot）程序（也称网络蜘蛛、爬虫软件），动态访问各站点，收集信息，建立索引，并自动生成有关资源的简单描述，存入数据库中供检索，但这种机器人程序的查准率有待提高。

元搜索引擎（又称多元搜索引擎或集成搜索引擎）是网络检索的后起之秀，是多个单一搜索引擎的集合。它没有独立的数据库，主要依靠系统提供的统一界面，构成一个一对多的分布式且具有独立功能的虚拟逻辑机制。主要的元搜索引擎有 Metacrawler 等。

网络智能检索包括智能搜索引擎（Intelligent Search Engine）、智能浏览器（Intelligent Brower）、智能体（Agent）等。智能搜索引擎可以预期用户的需求，并可有效地控制关键词的多义性；智能浏览器是基于机器学习理论设计的智能系统，经过训练后，可成为某个领域中熟练的搜索专家；智能体是一个具有控制问题求解机理的计算机单元，网络中的智能体通常是一个专家系统、一个模块等，它在经过用户指导后，可在不用用户干预的情况下，找到所需信息。有些智能体使用神经网络与模糊逻辑而不是关键词来识别信息的模式。

（4）其他信息检索技术

知识发现技术就是从大量的数据中发现有用知识的高级处理过程，是数据库技术和机器学习的交叉学科。数据挖掘（Data Mining）技术是知识发现的核心技术。数据挖掘是按照某种既定目标，对大量数据进行分析和探索，从中识别出有效的、新颖的、潜在的、有用的知识，以最终可理解的模式显示一系列处理过程。它涉及机器学习、模式识别、统计学、数据库、联机分析、模糊逻辑、人工神经网络、不确定推理等多种学科知识。数据挖掘是一种分析工具。

网格技术是第三代因特网，目前还处于起步阶段。第一代因特网是传统因特网，第二代是 WWW。传统因特网实现了计算机硬件的连通，Web 实现了网页的连通，而网格试图把因特网整合为一台巨大的超级计算机，实现因特网上所有资源的全面连通，包括计算资源、存储资源、通信资源、软件资源、信息资源、知识资源等，也可以构造地区性网格，如企业内部网格、家庭网格等。网格的根本特征是资源共享。将来的第三代因特网的名称可能将由 WWW 变为 GGG（Great Global Grid）。网格分为计算网格、信息网格和知识网格、商业网格、P2P。信息网格和知识网格是智能信息处理，包括信息检索，它的目标是消除信息和知识孤岛，实现信息资源的智能共享。网格技术采用的标准有性能优于 HTML 的内容与形式相分离的可扩展置标语言 XML（Extensible Markup Language）、元数据（Meta Data）、资源描述框架（RDF）等。

信息推拉技术也是一种信息检索技术，分为信息推送和拉取两种模式。如何提高信息拉取和推送的智能检索水平等是该项技术研究的内容。信息推送技术（Information

Push）也称为网播（Netcast），方法是通过因特网向用户主动地发布、推送各种信息，同时允许个性化定制的信息推送。它的信息推送方式有分频道式、邮件式、网页式和专用式。信息拉取（Information Pull）即搜索引擎的功能。用户可以通过搜索引擎拉取信息。

4.3.3 搜索引擎在文献信息检索中的应用实例

（1）认识搜索引擎

搜索引擎是互联网上三大最流行的服务（电子邮件、搜索引擎、WWW 浏览）之一，使用频率仅次于电子邮件，一般来说，搜索引擎由搜索软件、索引软件和检索软件三部分组成。

搜索引擎工作时，要按照一定的规律和方式运行特定的网络信息搜索软件，定期或不定期地搜索 Internet 各个站点，并将收集到的网络信息资源送回搜索引擎的临时数据库；接下来利用索引软件对这些收集到的信息进行自动标引形成规范的索引，加入集中管理的索引数据库；在 Web 的客户端，提供特定的检索界面，供用户以一定的方式输入检索提问式并提交给系统，系统通过特定的检索软件检索其索引数据库，并将从中获得的与用户检索提问相匹配的查询结果再返回客户端供用户浏览。这一过程可简单描述为：搜索软件用来在网络上收集信息，执行的是数据采集机制；索引软件对收集到的网络信息进行自动标引处理并建立索引数据库，执行的是数据组织机制；检索软件通过索引数据库为用户提供网络检索服务，执行的是搜索引擎的用户检索机制。

（2）搜索引擎功能简介

① 简单搜索（Simple Search）：指输入一个单词（关键词），提交搜索引擎查询，这是最基本的搜索方式。

② 词组搜索（Phrase Search）：指输入两个单词以上的词组（短语），提交搜索引擎查询，也叫短语搜索，现有搜索引擎一般都约定把词组或短语放在引号内表示。

③ 语句搜索（Sentence Search）：指输入一个多词的任意语句，提交搜索引擎查询，这种方式也叫任意查询。不同搜索引擎对语句中词与词之间的关系的处理方式不同。

④ 目录搜索（Catalog Search）：指按搜索引擎提供的分类目录逐级查询，用户一般不需要输入查询词，而是按照查询系统所给的几种分类项目，选择类别进行搜索，也叫分类搜索（Classified Search）。

⑤ 高级搜索（Advanced Search）：指用布尔逻辑组配方式查询。

使用逻辑运算为 and（和）、or（或）、not（非），能够进行要领组合，扩大或缩小检索范围，提高检索效率。对 A、B 两词而言：

• A and B 是指取 A 和 B 的公共部分（交集），检索结果必须含有所有用"and"连接起来的提问词。

• A or B 是指取 A 和 B 的全部（并集），检索结果必须至少含有一个用"or"连接起来的提问词。

• A not B 是指取 A 中排除 B 的部分，检索结果只含有"not"前面的提问词，而不能含有"not"后面的提问词。

A、B 本身为多词时，可以用括号分别括起来作为一个逻辑单位。

上述前三种搜索方式可以合称为语词搜索（Word Search），与高级搜索和目录搜索一道构成三类常见搜索方式。在所有搜索方式中，还可使用通配符，就像 DOS 文件系统用＊作为通配符一样，通配符用于指代一串字符，不过每个搜索引擎所用的通配符不完全相同，大多用＊或?，少数用＄。不少搜索引擎还支持加（＋）、减（－）词操作。

（3）搜索引擎的类型

搜索引擎的种类很多，各种搜索引擎的概念界定尚不清晰，大多可互称、通用。事实上，各种搜索引擎既有共同特点，又有明显差异。按照信息搜索方法和服务提供的方式的不同，主要可分为：

① 检索式搜索引擎：该类搜索引擎由检索器根据用户的查询输入，按照关键词检索索引数据库。这种方式其实是大多数搜索引擎最主要的功能。在主页上有一个检索框，在检索框中输入要查询的关键词，单击"检索"（或"搜索""search""go"等）按钮，搜索引擎就会在自己的信息库中搜索含有输入的关键词的信息条目。用户可以通过分析选择所需的网页链接，直接访问要找的网页。此类搜索引擎主要有如下几种。

a. AltaVsita——http：//www. altavista. com。AltaVista 有英文版和其他几种西文版。提供全文检索功能，并有较细致的分类目录。网页收录极其丰富，有英、中、日等 25 种文字的网页。搜索首页不支持中文关键词搜索，但有支持中文关键词搜索的页面，能识别大小写和专用名词，且支持逻辑条件限制查询。高级检索功能较强，提供检索新闻、讨论组、图形、MP3/音频、视频等检索服务，以及进入频道区（Zones），对诸如健康、新闻、旅游等门类进行专题检索。

b. Excite——http：//www. excite. com 。全英文的 Excite 是由美国斯坦福大学 1993 年 8 月创建的 Architext 扩展而成的万维网搜索引擎，它能为简单搜索返回很好的结果，并能提供一系列附加内容，尤其适合经验不多的用户使用。它是一个基于概念性的搜索引擎，在搜索时不只搜索用户输入的关键字，还可"智能性"地推断用户要查找的相关内容并进行搜索。除美国站点外，还有中文及法国、德国、意大利、英国等多个站点。查询时支持英、中、日、法、德、意等 11 种文字的关键字。提供类目、网站、全文及新闻检索功能。目录分类接近日常生活，细致明晰，网站收录丰富。网站提要清楚完整。搜索结果数量多，精确度较高。有高级检索功能，支持逻辑条件限制查询（and 及 or 搜索）。Excite 主页如图 4-14 所示。

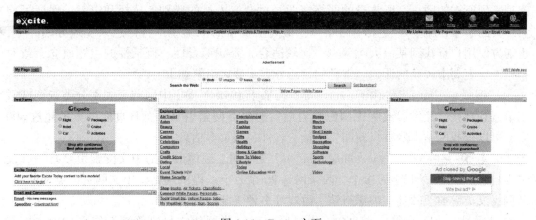

图 4-14　Excite 主页

c. HotBot——http：//www. hotbot. com。HotBot 具有第一流的高级搜索功能和新闻论坛搜索功能、图形化的搜索工具，以及一系列的过滤选项，无论对于初学者还是高级用户都是一种很好的工具。它提供有详细类目的分类索引，网站收录丰富，搜索速度较快。有功能较强的高级搜索，提供有多种语言的搜索功能，以及时间、地域等限制性条件的选择等。另提供有音乐、黄页、白页（人名）、E-mail 地址、讨论组、公路线路图、股票报价、工作与简历、新闻标题、FTP 检索等专类搜索服务。

d. Lycos——http：//www. lycos. com。Lycos 具有多种的搜索选项和内容丰富的目录，执行简单搜索时能返回较好的结果。它是多功能搜索引擎，提供类目、网站、图像及声音文件等多种检索功能。目录分类规范细致，类目设置较好，网站归类较准确，提要简明扼要。收录丰富，搜索结果精确度较高，尤其是搜索图像和声音文件上的功能很强。有高级检索功能，支持逻辑条件限制查询，Lycos 主页如图 4-15 所示。

图 4-15　Lycos 主页

e. Google——http：//www. google. com。

f. 天网——http：//e. pku. edu. cn。由北京大学开发，有简体中文、繁体中文和英文三个版本。提供全文检索、新闻组检索、FTP 检索（北京大学、中科院等 FTP 站点）。目前大约收集了 100 万个 WWW 页面（国内）和 14 万篇 Newsgroup（新闻组）文章。支持简体中文、繁体中文、英文关键词搜索，不支持数字关键词和 URL 名检索。

②目录分类式（网站级）搜索引擎：该类搜索引擎的数据库是依靠专职编辑人员建立。当用户提出检索要求时，搜索引擎只在网站的简介中搜索。这种获得信息的方法就像是"顺藤摸瓜"，只要用鼠标单击这些分类链接就可以一级一级地深入这个目录，最终搜索到所需的网页。所收录的网络资源经过专业人员的鉴别、选择和组织，保证了检索工具的质量，减少了检索中的噪声，提高了检索的准确率。将信息系统地分门归类，也能方便用户查找到某一大类信息。比较适合于查找综合性、概括性的主题概念，或对检索准确度要求较高的课题。常见的目录分类式搜索引擎如下。

a. 搜狐——http：//www. sohu. com。搜狐于 1998 年推出中国首家大型分类查询搜索引擎，到现在已经发展成为中国影响力最大的分类搜索引擎。每日页面浏览量超过 800 万，可以查找网站、网页、新闻、网址、软件、黄页等信息。

b. 新浪——http：//www. sina. com. cn。互联网上规模最大的中文搜索引擎之一。设大类目录 18 个，子目 1 万多个，收录网站 20 余万个。提供网站、中文网页、英文网页、新闻、汉英辞典、软件、沪深行情、游戏等多种资源的查询。

c. 网易——http：//www. 163. com。网易新一代开放式目录管理系统（ODP）拥有近万名义务目录管理员。为广大网民创建了一个拥有超过一万个类目，超过 25 万条活跃站点信息，日增加新站点信息 500 ~ 1000 条，日访问量超过 500 万次的专业权威的目录查询体系。

d. Yahoo——http：//www. yahoo. com。Yahoo 是世界上最早的搜索引擎之一，Yahoo 拥有第一流的 Web 目录和最佳的新闻链接以及许多附加服务。它有 10 余种语言版本，各版本的内容互不相同；提供类目、网站及全文检索功能。目录分类比较合理，层次深，类目设置好，网站提要严格清楚，但部分网站无提要。网站收录丰富，检索结果精确度较高，有相关网页和新闻的查询链接。全文检索由 Inktomi 支持，有高级检索方式，支持逻辑查询，可限时间查询。设有新站、酷站目录。Yahoo 主页如图 4-16 所示。

图 4-16　Yahoo 主页

e. LookSmart——http：//www. looksmart. com。LookSmart 是人工目录集合网站。该公司没有自己的站点，但丝毫不影响人们对它的使用。LookSmart 向其他搜索引擎提供搜索结果。目前，LookSmart 已建成含有 25 亿 URL，11 亿索引文档的网络索引目录，这些目录涉及 33 处地域市场，13 种不同语言，30 万个目录分类，集合了 400 多万网站。

f. About. com——http：//www. about. com。这是一个规模较小的人工操作（Human Reviewed/Manually Picked）目录索引搜索引擎，主要由编辑人员在互联网上寻找有收录价值的网站或网页，然后分门别类列出链接索引。

③ 元搜索引擎：元搜索引擎（Metasearch Engine）是一种调用其他独立搜索引擎的引擎，元搜索引擎就是对多个独立搜索引擎的整合、调用、控制和优化利用，其技术称为"元搜索技术"，元搜索技术是元搜索引擎的核心。检索时，元搜索引擎根据用户提交的检索请求，调用源搜索引擎进行搜索，对搜索结果进行汇集、筛选、删并等优化处理后，以统一的格式在同一界面集中显示。常见的元搜索引擎如下。

a. Dogpile——http：//www. dogpile. com。其是目前性能较好的并行式元搜索引擎之一，它可以同时调用 25 个 Web Search Engine、Usenet Search Engine、FTP Search Engine 等，其中 Web Search Engine 14 个。Dogpile 主页如图 4-17 所示。

b. MetaCrawler——http：//www. metacrawler. com。MetaCrawler 是独立万维网搜索引擎 WebCrawler 的姐妹引擎，也是一个并行式元搜索引擎，它具有优秀的清晰性和详细的组织性，可以同时调用 AltaVista、Excite、Infoseek、Lycos、WebCrawler 和 Yahoo 6 个独立引擎，是简单搜索或中度复杂搜索的最佳网点。

c. Mamma——http：//www. mamma. com。Mamma 是并行式元搜索引擎，自称是所有搜索引擎之母（Mother of all Search Engines），它可以同时调用 AltaVista、Excite、Infoseek、Lycos、WebCrawler、Yahoo 等独立引擎，并且可以查新闻组、商业黄页和发布新闻。

图 4-17　Dogpile 主页

d. AskJeeves——http：//www. askjeeves. com。AskJeeves 提供同时搜索 AltaVista、Excite、Yahoo、Infoseek、Lycos 和 WebCrawler 的功能，此外还能同时搜索自己独立的数据库。

e. ProFusion——http：//www. profusion. com。其拥有智能化的搜索方案，提供诸如搜索引擎选择、检索类型、结果显示、摘要选项、链接检查等较多的检索选项，支持个性化设置，可以选择三个最好的搜索引擎或三个最快的搜索引擎或全部搜索引擎或手工选择任意几个搜索引擎来进行搜索。自动实现符合特殊检索语法要求的转换，如在调用 Excite、InfoSeek、WebCrawler 时将"near"转换成"and"等。

④ 智能搜索引擎：此类搜索引擎是目前搜索引擎的发展趋势，除提供传统的全网快速检索、相关度排序等功能外，还提供用户自己登记、用户兴趣识别、内容的语义理解、智能化信息过滤和摄像头等功能，为用户提供了一个真正个性化、智能化的网络工具智能搜索引擎，把目前基于关键词层面检索提高到基于知识（或概念）层面。常见的此类搜索引擎是百度——http：//www. baidu. com/。它是全球最大中文搜索引擎，提供网页快照、网页预览/预览全部网页、相关搜索词、错别字纠正提示、新闻搜索、Flash 搜索、信息快递搜索、百度搜霸、搜索援助中心。百度主页如图 4-18 所示。

图 4-18　百度主页

（4）使用搜索引擎的注意事项

搜索引擎的出现大大方便了用户搜索网络资源信息，但因其本身所固有的差别使不熟悉的用户在检索时难以获得满意的检索效果，为提高检索效率，使用搜索引擎时应注意以下几个问题。

① 注意阅读引擎的帮助信息：许多搜索引擎在帮助信息中提供了本引擎的操作方法、使用规则及运算符说明，这些信息是用户进行网络信息资源查询所必须具备的知识，是我们检索的指南。

② 选择适当的搜索引擎：这点非常重要，不同的搜索引擎其特点不同，只有选择合适的搜索引擎才能获得满意的查询结果。用户应根据所需信息资料的特点、类型、专业

深度等，选择适当的搜索引擎。

③ 检索关键词要恰当：查找相同的信息，不同的用户使用相同的搜索引擎会得出不同的结果。造成这种差异的原因就是关键词选择不同。选择搜索用关键词要做到"精"和"准"，同时还要具有"有代表性""精""准"才能保证搜索到所需的信息，"有代表性"才能保证搜索的信息有用。选择关键词时应注意：不要输入错别字。专业搜索引擎都要求关键词一字不差；注意关键词的拼写形式，如过去式、现在式、单复数、大小写、空格、半全角等；不要使用过于频繁的词，否则会搜索出大量的无用结果，甚至导致错误；不要输入多义关键词，搜索引擎是不能辨别多义词的，比如，输入"Java"，它不知道要搜索的是太平洋上的一个岛，一种著名的咖啡，还是一种计算机语言。

4.3.4 新兴信息库在文献信息检索中的应用

现在互联网技术高速发展，除了搜索引擎之外还衍生出大量的信息库，比如中文期刊文库、各类行业信息库、高校信息库、标准信息库等，各大类专业信息库网络也是风起云涌，可以查阅到各类专业文档资料的信息库中，既有像独秀（一种包含期刊、论文、书籍、资料等电子文档内容的综合信息库）、全国期刊信息库（包含了全国绝大部分的期刊名称以及级别）、CNKI 博硕士学位论文库（目前国内相关资源最完备、高质量、连续动态更新的中国博硕士学位论文全文数据库之一，收录了 1999 年至今全国 380 家博士培养单位的博士学位论文；530 多家硕士培养单位的优秀硕士学位论文）这样的专业文献信息库，也有百度知道、百度文库、豆丁文库、新浪爱问共享资料等大型专业网站文库；而能查阅各类视频资料的网络文献资料库就有酷六、优酷、百度视频、新浪视频等各类视频网络不下几十个，还有搜狗影视、狗狗影视、迅雷影视、快车影视、点点高清等无数新兴的电影电视剧资料网站。而可以查询各类资料的专业论坛，如豆瓣等，更是不计其数。现在我们要查找、检索、使用文献，途径和方式已经极大丰富。CNKI 博硕士学位论文库如图 4-19 所示。

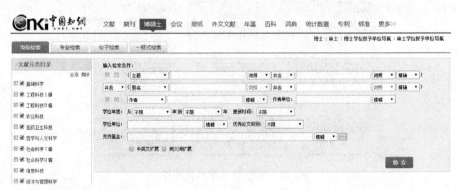

图 4-19　CNKI 博硕士学位论文库

文献信息检索的门槛可以说大大地降低了，对我们写论文都有一定的帮助，但同时留给我们甄别信息的难度也加大了，这与互联网给我们带来的惊喜和困惑是一样的。但是我们要守住的一个原则就是，首先要阅读经典文献，这些文献包括我们阅读的各类书籍、报刊等，以获得第一手的、最权威的信息资料。这些来自正规出版社的经典资料往往内容准确、翔实，对我们下一步查阅、甄别各类新兴的素材很有帮助。美国著名物理学家、物理学思想家、物理学教育家，哥本哈根学派最后一位大师惠勒（John Archibald

Wheeler, 1911—2008）曾经说过："要想了解一个新的领域,就写一本关于那个领域的书。"

但是,经典文献信息往往有个别内容存在过时等无法完全满足我们现实需要的情况,这时我们可以利用互联网技术继续查询最新的研究成果,以获取更多的信息内容。

4.4 高等院校图书馆

4.4.1 高等院校图书馆性质、地位和作用

大学生信息素质教育是一种旨在提高信息素质的普及性教育,其内容与大学生专业学习密切相关,是对传统图书馆用户教育的深化与拓展;注重应用型信息学知识。目的是提高大学生的信息意识和信息能力。高校图书馆开展信息素质教育具有五点优势:文献信息资源的优势、信息学术环境的优势、信息素质人才的优势、信息技术的优势、信息素质教育经验的优势。大学图书馆信息素质教育的功能和价值如图4-20所示。

图4-20 大学图书馆信息素质教育的功能和价值

高等学校图书馆是学校的文献信息中心,是为教学和科学研究服务的学术性机构,是学校信息化和社会信息化的重要基地,被喻为"大学的心脏",被人们公认为是办好高等学校的三大支柱之一。高等学校图书馆的工作是学校教学和科学研究工作的重要组成部分。高等学校图书馆的建设和发展应与学校的建设和发展相适应,其水平是学校总体水平的重要标志。高等院校图书馆的作用如图4-21所示。

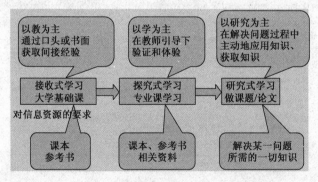

图4-21 大学图书馆的重要作用

4.4.2 大学图书馆服务内容

大学图书馆开展读者服务工作是为了读者能更好地利用图书馆,其服务内容主要有:借阅服务、书目服务、参考咨询服务、技术服务及其他服务等。近年来,为适应网络时代的要求,各大学图书馆都在不断地开拓新的服务领域。

（1）借阅服务

① 外借:大学图书馆的外借服务一般分为开架和闭架两种形式,以往大学图书馆一

般以闭架借阅为主，现在的大学图书馆已逐步实行开架借阅的服务方式。所谓闭架借阅，就是读者必须先查目录，在目录中选出自己需要的书刊，再填写"索书单"交给工作人员，由工作人员到书库里取出书刊，然后办理外借手续。所谓开架借阅，就是读者可以进书库浏览，直接挑选自己所需要的书刊，然后到出纳台办理外借手续。开架书库一般都配备监测仪、计算机等先进设施提供现代化服务，大大方便了读者，因此深受读者欢迎。

② 馆内阅览：大学图书馆藏书的复本数都有一定的限制，一种报刊往往只有一份。为了保证书刊有较大的利用率，图书馆有一部分书刊是不外借的，只供读者在馆内阅览。馆内阅览按服务对象、专业设置和文献类型开辟各种阅览室，如教师阅览室、新书阅览室、样本书阅览室、文献检索室、中文期刊阅览室、外文期刊阅览室、工具书室等。阅览室的书刊一般实行开架借阅，需要时读者可将书刊借出，到图书馆复印室复制自己所需的内容，然后再将书刊归还阅览室。

③ 馆际互借：由于每个大学图书馆都不可能将有关文献收藏得十分齐全，因此不少大学图书馆之间建立了互借联系，当读者所需的文献本馆没有，而另一所大学图书馆有收藏时，由读者提出要求，图书馆协助办理到其他图书馆去借阅，这也是资源共享的一种方式。目前各大学图书馆之间互相协调、联合已成为一个发展趋势。

④ 图书续借：馆藏图书若无其他读者预约，可续借若干次，续借手续必须在借阅期满前到原借阅室或通过网上 OPAC 办理。

⑤ 图书预约：已被别人借出的图书，可在网上自行办理预约手续或在借书处办理相关手续，图书馆收到读者归还的预约图书，将在第一时间通过电话、手机短信或电子邮件通知预约者。

（2）目录服务

① 联机公共目录：OPAC 服务（Online Public Access Catalogue，联机公共目录查询），其功能是查看书刊及电子资源馆藏信息、图书流通状态，读者个人借阅信息、办理预约、续借。

② 联合目录：反映两个或两个以上图书馆馆藏文献的目录称联合目录。联合目录是大学图书馆之间互相协作，促进馆际互借，实现文献资源共享的有效工具。

（3）参考咨询服务

参考咨询的服务方式一般有文献咨询、事实数据咨询、专题咨询、代查代检、文献检索服务、文献认证服务、用户教育与培训等。

① 文献咨询：参考咨询工作人员利用自己熟悉馆藏，熟悉检索工具的特长和优势，为读者解答、辅导涉及文献知识、文献检索所碰到的疑难问题，起到了"活字典"的作用。

② 事实数据咨询：即辅导或为读者查找具体人物、事件、数据、名词或某一法律条约、图表等。这类咨询涉及面广，特指性强，答案具体。

③ 专题咨询：即为科研项目或某一课题提供专门的情报咨询服务。如为专题收集、整理专题文献资料，并进行综合分析；为专题编制各种类型书目、索引和文献等。

④ 代查代检：代查代检是为了方便利用本馆收藏的资源，由图书馆的专业人员根据用户具体要求提供信息检索服务。其主要服务内容如下：

a. 文献检索服务：针对研究课题，从开题立项、研究中期、直到成果验收，开展全程文献跟踪服务。检索结果以提供文献文摘和全文的方式来实现。

b. 文献认证服务：通过作者姓名、位，期刊名称及卷期，会议名称、地点，文献篇名、发表时间等途径，查找文献被 EI、SCI 等收录及被引用情况，以及中文核心期刊信息。

⑤ 用户教育与培训：大学图书馆的参考咨询服务还包括对读者的用户教育和培训。用户教育一般分三个层次：对新生进行如何利用图书馆的教育，给三、四年级的同学开设文献检索与利用的课程，对研究生进行情报利用教育。

（4）技术服务

大学图书馆运用现代化技术和设备为读者提供的服务项目被称为技术服务。技术服务的项目通常有电子阅览、视听服务、复印服务、缩微服务和装订服务等。

4.5 文献检索语言

4.5.1 检索语言概述

（1）检索语言的概念及作用

① 广义文献检索：检索（检索需求—检索标识—检索工具—检索结果）与存储（无序文献—有序列文献集合）。检索者与存储者不存在交流，从文献检索的流程看，文献检索需要能够实现对文献的有效管理。

② 文献检索语言：根据文献存储与检索的需要，在自然语言的基础上规范的一种人工语言，是表达一系列概念的标识系统，如各种图书资料分类法、主题词表，亦称信息检索语言。检索语言与检索工具、检索效率有极密切关系，在文献检索过程中极其重要，是沟通文献工作者和文献检索者的桥梁。熟悉检索语言有利于快速、准确、全面获取文献。

③ 检索语言的构成：语词：也称检索标识，是表达主题概念的名词术语或逻辑分类的分类号及代码，如分类号（F23）、关键词（计算机）、叙词（计算机应用）。词表：汇集各种语词，并按一定规则排列的系统化词表，如《中国图书资料分类表》《汉语主题词表》。

（2）检索语言的类型

不同的检索语言其工作原理一致，但是具体的方法不同，表达文献外部特征语言有题名语言、著者语言、号码语言（文献代号），表达文献内容特征的语言有学科领域、发表层次等。分类检索语言：用分类号表达文献主题概念，并按学科性质分门别类地将文献系统组织起来的语言，又称等级体系语言，如中图法（重点）、科图法（中科院）。在分类和组织文献资料时也称分类法。主题检索语言是用语词（检索标识）表达文献主题概念，不管语词之间相互关系，一律按字顺序列成主题题表。按选词原则分：标题词语言、元词语言、关键词语言和叙词语言。

4.5.2 分类检索语言

（1）概述

原理：任何概念都有内涵和外延，外延指的是一类事物。类：是指具有很多共同属性的事物的集合。类目：凡用来表达同一事物概念的名词术语。文献分类：将文献根据其内容特征、学科专业的异同加以区分。分类方法采用概念缩小法，划分过程采用由上而下、由大到小、由整体到局部。如（化学）（上位类）（无机化学 有机化学 物理化学 分析化学）（是化学下位类，相互为同位类），结构化学又是物理化学的下位类，构成严格有序的等级体系。

构成：分类号：拉丁字母和阿拉伯数字混编而成，字母表示大类，字母顺序表示大类排列顺序，数字表示大类下类目的划分。如 X 表示环境科学，S 表示农业科学，S1 表示农业基础科学，S15 表示土壤学。分类表又称类目表，是把所有大类及各级类目按一定顺序排列而成，是一部类目的汇编，一个类目的体系，一种类目的排列表。构成：编制说明、简表（基本类目）、样表（主表）、辅助表（复分表）、索引。

（2）分类

中国图书馆分类法的著作 1975 年出版第一版，第四版于 1999 年出版，主类目约有 5.3 万条，是我国图书信息界实现全国文献资料统一分类目标的一部最权威的文献分类法。采用五分法，在五大部类基础上，扩展成 22 大类。国外几种主要的图书分类法如下。

① 杜威十进分类法（Dewey Decimal Classification and Relative Index，DC 或 DDC 或杜威法）：又名十进制图书分类法，是美国图书馆科学家威尔杜威（Melvil Dewey）所创制的，初版于 1876 年发行，1971 年已出版第 18 版，是出现最早、流行最广、影响最大的分类法。根据培根关于知识分类体系进行倒排，采用十进制的等级分类体系，即把所有学科分成 9 大类，分别标以 100~900 的数字。各类中的类目均按照从一般到特殊，从总论到具体的组织原则，对不能归入任何一类的综合性文献资料入第 10 类，即总论类，以下依次逐级分类，形成一个层层展开的等级体系。

② 国际十进分类法（Universal Decimal Classification，UDC）：在 DDC 基础上补充而成，初版于 1905 年发行，现已出第三版。是一种半组配式的体系分类法，已有 23 种文本，从 20 世纪 60 年代末期起被称为世界图书信息的国际交流语言。由主表、辅助表及辅助符号 3 大部分组成，主表把知识分为 10 大门类，大类沿用《杜威法》的基本结构，详表有近 20 万个类目，是世界上现有各种分类法中类目设置最多的一部，科技部分设类尤为详尽，比较适合于专指度高的信息检索需要。

4.5.3 主题检索语言

主题语言是一种描述语言，即用名词、名词组或句子描述文献所论述或研究的事物概念（即主题）。文献的主题是文献研究、讨论、阐述的具体对象或问题。主题词是主题语言的核心，是用以描述主题概念的名词术语。用主题词作文献标识优点：直观、专指性强、灵活、网罗度高。把主题词按照一种利于检索的方式（通常是字顺）编排成书，就是主题词表，它是主题词标引的主要工具。

（1）叙词语言

① 原理：叙词（主题词）是从文献内容中抽出的，能概括表达主题内容，并经过规范化的名词或术语。最基本的原理是概念组配。这种检索语言是把主题词按字顺和笔顺排列，以参照系统显示词间语义关系，并附以各种索引和附表来完成文献的标引和检索。主题词的概念组配方式是以形式逻辑为基础的。概念组配和字面组配举例如：铝合金、数控机床（车床）、井巷-钻机（凿井机械-钻机）。

② 叙词的范围和选词原则：叙词表达事物概念的范围及揭示事物特征的程度，包括普通叙词，如事物名词术语、事物性质、方法、学科门类、文献资料的名词术语、通用名词术语和专有叙词，如地名、民族、时代和年代、人名、机构与会议名、产品型号名称、历史事件。叙词选用的一般原则为各学科、专业文献中经常出现的，并且有检索或组配意义的基本名词术语。同时表达文献主题、特定概念的术语必须采用各学科、专业领域的标准术语。选用的叙词必须概念明确，具有单义性同义词只选一个，其他作为非正式主题词处理。

（2）关键词检索语言

关键词检索语言是将文献资料中原有的、能描述其主题概念的、具有检索意义的语词抽出，不加规范化处理，按字顺排列，以提供检索途径的语言。关键词是指那些出现在文献中的标题（篇名、章节名）以及摘要、正文中，对表达文献主题来说是最重要的、带关键性的，可作为检索入口的语词。如几种土壤氟的吸附特性研究，土壤、氟、吸附可作为关键词，有检索意义。关键词是平等的，全部按字顺排列。关键词索引就是将文献中的一些主要关键词抽出，然后将每个关键词分别作为检索标识，以字顺排列，并引见文献出处，以便从关键词入手来检索文献的一种工具。如《会议论文索引》（Conference Paper Index）、《国际学位论文文摘》（Dissertation Abstracts International）等。优点是缩短了检索工具出版的时间，容易掌握，使用方便。缺点是查准率和查全率较低（如同义词）。分类语言与主题语言的比较如表 4-1 所示。

表 4-1　分类语言与主题语言的比较

比 较 项 目	分 类 语 言	主 题 语 言
结构体系	学科专业逻辑体系，反映事物从属、派生、平行关系	以语言为中心，不考虑学科逻辑次序
标记符号	人为标记符号：字母＋数字	自然语言中的名词、词组
组织方式	直线性序列结构	完全独立，按字顺排列
揭示事物	按学科专业专题文献	特定事物、对象
目录组织	较为容易	较为复杂
读者使用	需要熟悉分类法	需要掌握相关专业知识
适应性	体系、类目录相对固定	不受体系约束，增删灵活

任务与思考

1. 文献有哪几种分类？
2. 文献检索与创新之间的联系是什么？
3. 根据所学习的专业确定关键词进行文件检索，不少于 5 篇相关文献。
4. 查找近五年有关机器人的专利文献，并进行文献的应用分析。

<<<

第5章

创新技能——专利申报

专利（Patent），从字面上是指专有的权利和利益。"专利"一词来源于拉丁语 Litter-ae patentes，意为公开的信件或公共文献，是中世纪的君主用来颁布某种特权的证明，后来指英国国王亲自签署的独占权利证书。在现代，专利一般是由政府机关或者代表若干国家的区域性组织根据申请而颁发的一种文件，这种文件记载了发明创造的内容，并且在一定时期内产生这样一种法律状态，在一般情况下，获得专利的发明创造只有经专利权人许可他人才能予以实施。在我国，专利分为发明、实用新型和外观设计三种类型。

5.1 专利基础知识

5.1.1 专利的含义与分类

（1）专利行政管理部门

中华人民共和国国家知识产权局是国务院主管全国专利工作和统筹协调涉外知识产权事宜的直属机构。国家知识产权局（State Intellectual Property Office），原名中华人民共和国专利局（简称中国专利局），1980 年经国务院批准成立，1998 年国务院机构改革，中国专利局更名为国家知识产权局，成为国务院的直属机构，主管专利工作和统筹协调涉外知识产权事宜。其中，国家知识产权局下设国家知识产权局专利局，统一受理和审查专利申请，依法授予专利权。同时，各省、自治区、直辖市人民政府一般均设有知识产权局，负责本行政区域内的专利管理工作。中华人民共和国国家知识产权局官方网站如图 5-1 所示。

图 5-1　中华人民共和国国家知识产权局官方网站

（2）专利文献编辑

专利文献作为技术信息最有效的载体，囊括了全球90%以上的最新技术情报，相比一般技术刊物所提供的信息早5~6年，而且70%~80%发明创造只通过专利文献公开，并不见诸于其他科技文献，相对于其他文献形式，专利更具有新颖、实用的特征。可见，专利文献是世界上最大的技术信息源，另据实证统计分析，专利文献包含了世界科技技术信息的90%~95%。

如此巨大的信息资源远未被人们充分地加以利用。事实上，对企业组织而言，专利是企业的竞争者之间唯一不得不向公众透露，而在其他地方都不会透露的某些关键信息的地方。因此，企业竞争情报的分析者，通过细致、严密、综合、相关的分析，可以从专利文献中得到大量有用信息，而使公开的专利资料为本企业所用，从而实现其特有的经济价值。科研工作中经常查阅专利文献，不仅可以提高科研项目的研究起点和水平，而且还可以节约60%左右的研究时间和40%左右的研究经费。部分科技企业2014年度专利申请统计如图5-2所示。

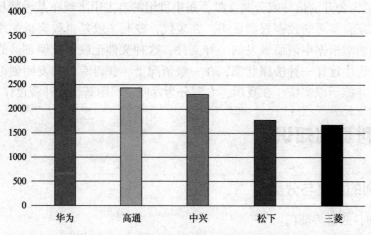

图5-2　部分科技企业2014年度专利申请统计

（3）专利含义

在我国，专利的含义有两种：口语中的使用，仅仅指的是"独自占有"。例如，"这仅仅是我的专利"。在知识产权中有三重意思，比较容易混淆，具体包括以下几点。

第一，专利权，指专利权人享有的专利权。即国家依法在一定时期内授予专利权人或者其权利继受者独占使用其发明创造的权利，这里强调的是权利。专利权是一种专有权，这种权利具有独占的排他性。非专利权人要想使用他人的专利技术，必须依法征得专利权人的授权或许可。

第二，指受到专利法保护的发明创造。即专利技术是受国家认可并在公开的基础上进行法律保护的专有技术。"专利"在这里具体指的是受国家法律保护的技术或者方案（所谓专有技术，是享有专有权的技术，这是更大的概念，包括专利技术和技术秘密。某些不属于专利和技术秘密的专业技术，只有在某些技术服务合同中才有意义）。专利是受法律规范保护的发明创造，它是指一项发明创造向国家审批机关提出专利申请，经依法审查合格后向专利申请人授予的该国内规定的时间内对该项发明创造享有的专有权，并需要定时缴纳年费来维持这种国家的保护状态。

第三，指专利局颁发的确认申请人对其发明创造享有的专利权的专利证书或指记载发明创造内容的专利文献，指的是具体的物质文件。

　　需要注意的是，日常生活中，人们通常会把"专利"和"专利申请"两个概念混淆使用，比如有些人在其专利申请尚未授权的时候即声称自己有专利。其实，专利申请在获得授权前，只能称为专利申请，如果其能最终获得授权，则可以称为专利，并对其所请求保护的技术范围拥有独占实施权；如果其最终未能获得专利授权，则永远没有成为专利的机会，也就是说，他虽然递交了专利申请，但并未就其所请求保护的技术范围获得独占实施权。很明显，这两个概念所代表的两种结果之间的差距是巨大的。

　　这里，专利前两个意思虽然意义不同，但都是无形的，第三个意思才是指有形的物质。"专利"这个词语可以仅仅指其中一个意思，或者包含两个以上的意思，具体情况必须联系上下文来看。对"专利"这一概念，生活中人们一般笼统地认为：它是由专利机构依据发明申请所颁发的一种文件，由这种文件叙述发明的内容，并且产生一种法律状态，即该获得专利的发明在一般情况下只有得到专利所有人的许可才能利用（包括制造、使用、销售和进口等）。由于专利涉及赤裸裸的利益，世界各国专利相关的知识、法律和规定相当地多，而且细致，甚至于各不相同，要了解各个细节，可通过查询相关具体法律、条文或者国际条约，另外请见参考资料。

　　值得注意的是，专利的两个最基本的特征就是"独占"与"公开"，以"公开"换取"独占"是专利制度最基本的核心，这分别代表了权利与义务的两面。"独占"是指法律授予专利权人在一段时间内享有排他性的独占权利；"公开"是指专利申请人作为对法律授予其独占权的回报而将其技术公之于众，使社会公众可以通过正常渠道获得有关专利信息。

5.1.2　专利分类与专利宗旨

　　专利制度旨在保护技术能够享受到独占性、排他性的权利，权利人之外的任何主体使用专利，都必须通过专利权人的授权许可才能获得使用权。随着法律制度的不断完善，专利的使用呈现出多样化趋势，专利无效、专利撤销、过期专利等一一被列入专利法律范畴。只有充分的认识诸如此类的法律制度，才能充分的利用专利资源，为企业实现更多的经济价值。

　　专利按持有人所有权分为有效专利和失效专利。通常所说的有效专利，是指专利申请被授权后，仍处于有效状态的专利。要使专利处于有效状态，首先，该专利权还处在法定保护期限内，另外，专利权人需要按规定缴纳年费。

　　专利申请被授权后，因为已经超过法定保护期限或因为专利权人未及时缴纳专利年费而丧失了专利权，或被任意个人或者单位请求宣布专利无效后经专利复审委员会认定并宣布无效而丧失专利权之后，称为失效专利。失效专利对所涉及的技术的使用不再有约束力。

5.1.3　专利的原则与法律含义

　　授予专利权的发明和实用新型专利，应当具备新颖性、创造性和实用性。

　　① 新颖性。是指该发明或者实用新型不属于现有技术，也没有任何单位或者个人就同样的发明或者实用新型在申请日以前向国务院专利行政部门提出过申请，并记载在申请日以后公布的专利申请文件或者公告的专利文件中。

② 创造性。是指与现有技术相比，该发明具有突出的实质性特点和显著的进步，该实用新型具有实质性特点和进步。

③ 实用性。判断要满足下列条件：专利法规定"实用性，是指该发明或者实用新型能够制造或者使用，并且能够产生积极效果"。能够制造或者使用是指发明创造能够在工农业及其他行业的生产中大量制造，并且应用在工农业生产上和人民生活中，同时产生积极效果。这里必须指出的是，专利法并不要求其发明或者实用新型在申请专利之前已经经过生产实践，而是分析和推断在工农业及其他行业的生产中可以实现。

④ 非显而易见性。非显而易见的（Nonobviousness）是指专利发明必须明显不同于习知技艺（Prior Art）。所以，获得专利的发明必须是在既有之技术或知识上有显著的进步，而不能只是已知技术或知识的显而易见的改良。这样的规定是要避免发明人只针对既有产品做小部分的修改就提出专利申请。若运用习知技艺或未熟悉该类技术都能轻易完成，无论是否增加功效，均不符合专利的进步性精神；而在该专业或技术领域的人都想得到的构想，就是显而易见的（Obviousness），是不能获得专利权的。

⑤ 适度揭露性。适度揭露（Adequate Disclosure）是指为促进产业发展，国家赋予发明人独占的利益，而发明人则需充分描述其发明的结构与运用方式，以便利他人在取得专利权人同意或专利到期之后，能够实施此发明，或是透过专利授权实现发明或者再利用再发明。如此，一个有价值的发明能对社会、国家发展有所贡献。

专利是受法律规范保护的发明创造，它是指一项发明创造向国家审批机关提出专利申请，经依法审查合格后向专利申请人授予的在规定的时间内对该项发明创造享有的专有权。

专利权是一种专有权，这种权利具有独占的排他性。非专利权人要想使用他人的专利技术，必须依法征得专利权人的同意或许可。

一个国家依照其专利法授予的专利权，仅在该国法律的管辖范围内有效，对其他国家没有任何约束力，外国对其专利权不承担保护的义务，如果一项发明创造只在我国取得专利权，那么专利权人只在我国享有独占权或专有权。专利权的法律保护具有时间性，中国的发明专利权期限为 20 年，实用新型专利权和外观设计专利权期限为 10 年，均自申请日起计算。

5.1.4 专利的种类

专利的种类在不同的国家和地区有不同规定，在我国内地专利法中规定有：发明专利、实用新型专利和外观设计专利。在我国香港专利法中规定有：标准专利（相当于内地的发明专利）、短期专利（相当于内地的实用新型专利）、外观设计专利。在部分发达国家中分类有：发明专利和外观设计专利。专利的种类如图 5-3 所示。

① 发明专利。我国《专利法》第二条第二款对发明的定义是："发明是指对产品、方法或者其改进所提出的新的技术方案。"发明专利并不要求它是经过实践证明可以直接应用于工业生产的技术成果，它可以是一项解决技术问题的方案或是一种构思，具有在工业上应用的可能性，但这也不能将这种技术方案或构思与单纯地提出课题、设想相混同，所以说单纯的课题、设想不具备工业上应用的可能性。发明专利证书如图 5-4 所示。

② 实用新型专利。我国《专利法》第二条第三款对实用新型的定义是："实用新型是指对产品的形状、构造或者其结合所提出的适于实用的新的技术方案。"同发明一样，

图 5-3　专利的种类

图 5-4　发明专利证书

实用新型保护的也是一个技术方案，但实用新型专利保护的范围较窄，它只保护有一定形状或结构的新产品，不保护方法以及没有固定形状的物质。实用新型的技术方案更注重实用性，其技术水平较发明而言，要低一些，多数国家实用新型专利保护的都是比较简单的、改进性的技术发明，可以称为"小发明"。

实用新型是指对产品的形状、构造或者其结合所提出的适于实用的新的技术方案，授予实用新型专利不需实质审查，手续比较简便，费用较低，因此，关于日用品、机械、电器等方面的有形产品的小发明，比较适用于申请实用新型专利。实用新型专利证书如图 5-5 所示。

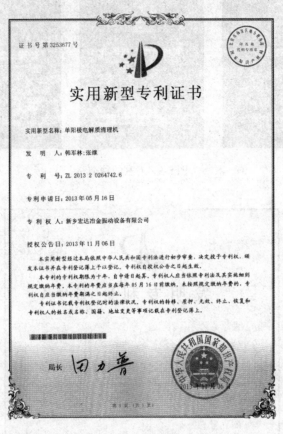

图 5-5　实用新型专利证书

③ 外观设计专利。我国《专利法》第二条第四款对外观设计的定义是："外观设计是指对产品的形状、图案或其结合以及色彩与形状、图案的结合所作出的富有美感并适于工业应用的新设计。"并在《专利法》第二十三条对其授权条件进行了规定："授予专利权的外观设计，应当不属于现有设计；也没有任何单位或者个人就同样的外观设计在申请日以前向国务院专利行政部门提出过申请，并记载在申请日以后公告的专利文件中""授予专利权的外观设计与现有设计或现有设计特征的组合相比，应当具有明显区别"，以及"授予专利权的外观设计不得与他人在申请日以前已经取得的合法权利相冲突"。

外观设计与发明、实用新型有着明显的区别，外观设计注重的是设计人对一项产品的外观所作出的富于艺术性、具有美感的创造，但这种具有艺术性的创造，不是单纯的工艺品，它必须具有能够为产业上所应用的实用性。外观设计专利实质上是保护美术思想的，而发明专利和实用新型专利保护的是技术思想；虽然外观设计和实用新型与产品的形状有关，但两者的目的却不相同，前者的目的在于使产品形状产生美感，而后者的目的在于使具有形态的产品能够解决某一技术问题。例如，一把雨伞，若它的形状、图案、色彩相当美观，那么应申请外观设计专利；如果雨伞的伞柄、伞骨、伞头结构设计精简合理，可以省省材料又有耐用的功能，那么应申请实用新型专利。

外观设计是指对产品的形状、图案或者其结合以及色彩与形状、图案的结合所作出的富有美感并适于工业应用的新设计。外观设计专利的保护对象是产品的装饰性或艺术性外表设计，这种设计可以是平面图案，也可以是立体造型，更常见的是这二者的结合。外观设计专利证书如图5-6所示。

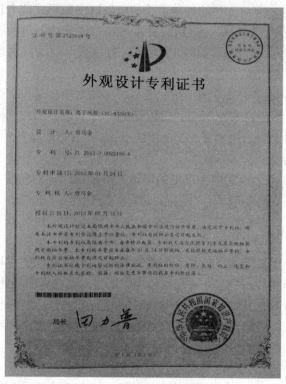

图5-6 外观设计专利证书

5.1.5 专利的特点与申报原则

（1）专利的特点

专利属于知识产权的一部分，是一种无形的财产，具有与其他财产不同的特点。

① 排他性。也即独占性。它是指在一定时间（专利权有效期内）和区域（法律管辖区）内，任何单位或个人未经专利权人许可都不得实施其专利。对于发明和实用新型，即不得为生产经营目的而制造、使用、许诺销售、销售、进口其专利产品；对于外观设计，即不得为生产经营目的而制造、许诺销售、销售、进口其专利产品，否则属于侵权行为。

② 区域性。区域性是指专利权是一种有区域范围限制的权利，它只有在法律管辖区域内有效。除了在有些情况下，依据保护知识产权的国际公约，以及个别国家承认另一国批准的专利权有效以外，技术发明在哪个国家申请专利，就由哪个国家授予专利权，而且只在专利授予国的范围内有效，而对其他国家则不具有法律的约束力，其他国家不承担任何保护义务。但是，同一发明可以同时在两个或两个以上的国家申请专利，获得批准后其发明便可以在所有申请国获得法律保护。

③ 时间性。时间性是指专利只有在法律规定的期限内才有效。专利权的有效保护期限结束以后，专利权人所享有的专利权便自动丧失，一般不能续展。发明便随着保护期限的结束而成为社会公有的财富，其他人便可以自由地使用该发明来创造产品。专利受

法律保护的期限的长短由有关国家的专利法或有关国际公约规定。世界各国的专利法对专利的保护期限规定并不相同。

（2）专利的申报原则

① 形式法定原则。申请专利的各种手续都应当以书面形式或者国家知识产权局专利局规定的其他形式办理。以口头、电话、实物等非书面形式办理的各种手续，或者以电报、电传、传真、胶片等直接或间接产生印刷、打字或手写文件的通信手段办理的各种手续均视为未提出，不产生法律效力。

② 单一性原则。是指一件专利申请只能限于一项发明创造。但是属于一个总的发明构思的两项以上的发明或者实用新型，可以作为一件申请提出；同一产品两项以上的相似外观设计，或者用于同一类别并且成套出售或者使用的产品的两项以上的外观设计，可以作为一件申请提出。

③ 先申请原则。两个或者两个以上的申请人分别就同样的发明创造申请专利的，专利权授给先申请的人。

5.1.6　专利的作用

通过法定程序确定发明创造的权利归属关系，从而有效保护发明创造成果，独占市场，以此换取最大的利益；为了在市场竞争中争取主动，确保自身生产与销售的安全性，防止对手拿专利状告自己侵权（遭受高额经济赔偿、迫使自己停止生产与销售）；专利权受到国家专利法保护，未经专利权人同意许可，任何单位或个人都不能使用（状告他人侵犯专利权，索取赔偿），所以自己的发明创造要及时申请专利，使自己的发明创造得到国家法律保护，防止他人模仿本企业开发的新技术、新产品（构成技术壁垒，别人要想研发类似技术或产品就必须得经专利权人同意）；自己的发明创造如果不及时申请专利，别人可能会把你的劳动成果提出专利申请，反过来向法院或专利管理机构告你侵犯专利权；可以促进产品的更新换代，亦提高产品的技术含量，及提高产品的质量、降低成本，使企业的产品在市场竞争中立于不败之地；一个企业若拥有多个专利是企业强大实力的体现，是一种无形资产和无形宣传（拥有自主知识产权的企业既是消费者趋之若鹜的强力企业，同时也是政府各项政策扶持的主要目标群体），21世纪是知识经济的时代，世界未来的竞争，就是知识产权的竞争；专利技术可以作为商品出售（转让），比单纯的技术转让更有法律和经济效益，从而达到其经济价值的实现；专利宣传效果好；避免会展上撤下展品的尴尬；国家对专利申请有一定的扶持政策（如政府颁布的专利奖励政策，以及高新技术企业政策等），会给予部分政策、经济方面的帮助。专利除具有以上功能外，拥有一定数量的专利还作为企业上市和其他评审中的一项重要指标，比如，高新技术企业资格评审、科技项目的验收和评审等，专利还具有科研成果市场化的桥梁作用。总之，专利既可用作盾，保护自己的技术和产品；也可用作矛，打击对手的侵权行为；充分利用专利的各项功能，对企业的生产经营具有极大的促进作用。

5.1.7　专利申请

（1）专利申请流程

依据《专利法》，发明专利申请的审批程序包括：受理、初步审查阶段、公布、实质审查以及授权5个阶段。实用新型和外观设计申请不进行早期公布和实质审查，只有3

个阶段。发明专利的申请流程如图 5-7 所示，实用新型专利与外观设计专利的申请流程如图 5-8 所示。

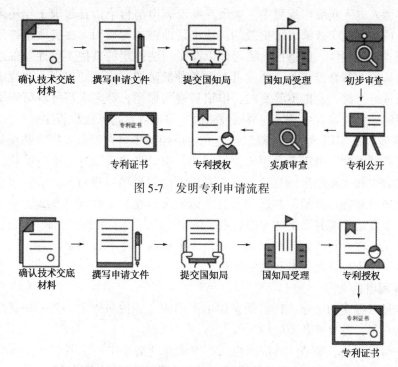

图 5-7　发明专利申请流程

图 5-8　实用新型专利与外观设计专利申请流程

① 受理阶段。专利局收到专利申请后进行审查，如果符合受理条件，专利局将确定申请日，给予申请号，并且核实过文件清单后，发出受理通知书，通知申请人。如果申请文件未打字、印刷或字迹不清、有涂改的，或者附图及图片未用绘图工具和黑色墨水绘制、照片模糊不清有涂改的，或者申请文件不齐备的，或者请求书中缺申请人姓名或名称及地址不详的，或专利申请类别不明确或无法确定的，以及外国单位和个人未经涉外专利代理机构直接寄来的专利申请不予受理。

② 初步审查阶段。经受理后的专利申请按照规定缴纳申请费的，自动进入初审阶段。初审前发明专利申请首先要进行保密审查，需要保密的，按保密程序处理。

在初审时要对申请是否存在明显缺陷进行审查，主要包括审查内容是否属于《专利法》中不授予专利权的范围，是否明显缺乏技术内容，不能构成技术方案，是否缺乏单一性，申请文件是否齐备及格式是否符合要求。若是外国申请人，还要进行资格审查及申请手续审查。不合格的，专利局将通知申请人在规定的期限内补正或陈述意见，逾期不答复的，申请将被视为撤回。经答复仍未消除缺陷的，予以驳回。发明专利申请初审合格的，将发给初审合格通知书。对实用新型和外观设计专利申请，除进行上述审查外，还要审查是否明显与已有专利相同，是不是一个新的技术方案或者新的设计，经初审未发现驳回理由的，将直接进入授权阶段。

③ 公布阶段。发明专利申请从发出初审合格通知书之日起进入公布阶段，如果申请人没有提出提前公开的请求，要等到申请日起满 15 个月才进入公开准备程序。如果申请人请求提前公开的，则申请立即进入公开准备程序。经过格式复核、编辑校对、计算机处理、排版印刷，大约 3 个月后在专利公报上公布其说明书摘要并出版说明书单行本。

申请公布以后，申请人就获得了临时保护的权利。

④ 实质审查阶段。发明专利申请公布以后，如果申请人已经提出实质审查请求并已生效的，申请人进入实质审查程序。如果发明专利申请自申请日起满3年还未提出实质审查请求，或者实质审查请求未生效的，该申请即被视为撤回。在实质审查期间将对专利申请是否具有新颖性、创造性、实用性以及专利法规定的其他实质性条件进行全面审查。经审查认为不符合授权条件的或者存在各种缺陷的，将通知申请人在规定的时间内陈述意见或进行修改，逾期不答复的，申请被视为撤回，经多次答复申请仍不符合要求的，予以驳回。实质审查中未发现驳回理由的，将按规定进入授权程序。

⑤ 授权阶段。实用新型和外观设计专利申请经初步审查以及发明专利申请经实质审查未发现驳回理由的，由审查员作出授权通知，申请进入授权登记准备阶段，经对授权文本的法律效力和完整性进行复核，对专利申请的著录项目进行校对、修改后，专利局发出授权通知书和办理登记手续通知书，申请人接到通知书后应当在2个月之内按照通知的要求办理登记手续并缴纳规定的费用。按期办理登记手续的，专利局将授予专利权，颁发专利证书，在专利登记簿上记录，并在2个月后于专利公报上公告；未按规定办理登记手续的，视为放弃取得专利权的权利。

（2）专利申请文件

申请专利时提交的法律文件必须采用书面形式，并按照规定的统一格式填写。申请不同类型的专利，需要准备不同的文件。

申请发明专利的，申请文件应当包括：发明专利请求书、说明书（必要时应当有说明书附图）、权利要求书、摘要及其附图（具有说明书附图时需提供）。

申请实用新型专利的，申请文件应当包括：实用新型专利请求书、说明书、说明书附图、权利要求书、摘要及其附图。

申请外观设计专利的，申请文件应当包括：外观设计专利请求书、图片或者照片，以及外观设计简要说明。

关于权利要求书的撰写，权利要求书应当以说明书为依据，说明发明或实用新型的技术特征，限定专利申请的保护范围。在专利权授予后，权利要求书是确定发明或者实用新型专利权范围的根据，也是判断他人是否侵权的根据，有直接的法律效力。权利要求分为独立权利要求和从属权利要求。独立权利要求应当从整体上反映发明或者实用新型的主要技术内容，它是记载构成发明或者实用新型的必要技术特征的权利要求。从属权利要求是引用一项或多项权利要求的权利要求，它是一种包括另一项（或几项）权利要求的全部技术特征，又含有进一步加以限制的技术特征的权利要求。进行权利要求的撰写必须十分严格、准确，具有高度的法律和技术方面的技巧。

（3）专利申请途径与费用

① 途径1。申请人自己申请（将申请文件递交专利局或地方代办处，并缴纳相关费用）。

② 途径2。委托专利代理机构申请。一般应该委托专业的代理机构，以避免由于自身对相关法律知识或相关程序了解不足而导致授权率降低或保护范围不当。委托专利代理机构的好处是专利代理机构及其代理人均是经过国家知识产权局批准的既懂专业技术，又掌握有关法律知识的专家，通过他们将申请人想要申请专利的一般技术资料撰写成符合审查要求的技术性、法律性文件，并使该文件具有最佳的保护效果。通过专利代理可

使委托人的申请顺利、尽快地获得通过，真正做到少花钱、多得利，另外，建议选择那些有保障的专利代理机构。

申请专利委托代理时，申请人需要交纳代理费和官费。代理费数额依据申请所属技术领域的难易程度和工作量大小由申请人与代理机构协商后确定。官费是交给国家知识产权局的费用。通常包括：首笔官费，发明专利申请费950元（含印刷费50元），实用新型专利申请费500元，外观设计专利申请费500元，发明申请审查费2500元；授权办理登记费，发明专利为255元，实用新型或外观设计专利为205元。要获得并保持专利，申请人还需要在申请后的若干年内向专利局交纳专利年费等费用。

专利申请人或专利权人符合下列条件之一的，可以向国家知识产权局请求减缴部分专利收费：a. 上年度月均收入低于3500元（年收入4.2万元）的个人；b. 上年度企业应纳税所得额低于30万元的企业；c. 事业单位、社会团体、非营利性科研机构。两个或者两个以上的个人或者单位为共同专利申请人或共有专利权人的，应当分别符合前述规定。

专利申请人或者专利权人可以请求减缴下列专利收费：申请费（不包括公布印刷费、申请附加费），发明专利申请实质审查费，自授予专利权当年起6年的年费、复审费。专利申请人或者专利权人为单个个人或者单个单位的，减缴上述收费的85%。两个或者两个以上的个人或者单位为共同专利申请人或者共有专利权人的，减缴上述收费的70%。

5.2 专利说明书的撰写

5.2.1 专利说明书定义

专利说明书是对发明或者实用新型的结构、技术要点、使用方法作出清楚、完整的介绍，它应当包含技术领域、背景技术、发明内容、附图说明、具体实施方法等项目。发明专利、发明人证书、医药专利、植物专利、工业品外观设计专利、实用证书、实用新型专利、补充专利或补充发明人证书、补充保护证书、补充专利说明书有广义和狭义两种解释。就广义而言，是指各国工业产权局、专利局及国际（地区）性专利组织（以下简称各工业产权局）出版的各种类型专利说明书的统称，包括授予发明、实用证书的授权说明书及其相应的申请说明书。就狭义而言，是指授予专利权的专利说明书。

专利说明书的主要作用：一是清楚、完整的公开新的发明创造；二是请求或确定法律保护的范围。专利说明书属于一种专利文件，是指含有扉页、权利要求书、说明书等组成部分的用以描述发明创造内容和限定专利保护范围的一种官方文件或其出版物。

专利说明书中的扉页是揭示每件专利的基本信息的文件部分。扉页揭示的基本专利信息包括：专利申请的时间、申请的号码、申请人或专利权人、发明人、发明创造名称、发明创造简要介绍及主图（如机械图、电路图、化学结构式等）、发明所属技术领域分类号、公布或授权的时间、文献号、出版专利文件的国家机构等。

5.2.2 背景技术的撰写

专利法实施细则中有关背景技术的规定：应当写明对发明或者实用新型的理解、检索、审查有用的背景技术；一般来说，需要提供反映这些背景技术的文献如果不是中文文献还需要进行翻译。背景技术要能够回答本发明涉及什么主题，这个主题主要存在什么问题，这些问题现有的解决方式及存在的缺陷这样的三个问题。背景技术是判断本发明是否具有新颖性、创造性，是否可授予专利的对比参照，引出本技术的发明目的与有益效果。

5.2.3　背景技术撰写注意事项

背景技术部分在写明该具体领域现有的技术状况时，可以引用别人申请的专利文件，也可以引用杂志、书本中的内容或介绍他人使用的技术，还可以根据自己了解的情况进行描述。在描述完现有技术后，还要客观地指出现有技术中存在的问题和缺点，仅限于自己的发明或者实用新型能解决的问题和缺点，自己也没有解决的缺点不要谈。背景技术与权利要求的范围要具有一致性。背景技术可用图表予以说明，尤其发明是已有结构、功能的改进时。引证文件应当满足以下要求：引证文件应当是公开出版物，除纸件形式外，还包括电子出版物等形式；所引证的非专利文件和外国专利文件的公开日应当在本申请的申请日之前；所引证的中国专利文件的公开日不能晚于本申请的公开日；引证外国专利或非专利文件的，应当以所引证文件公布或发表时的原文所使用的文字写明引证文件的出处以及相关信息，必要时给出中文译文，并将译文放置在括号内。

 案例5-1　用废电池制备高锰酸钾及回收钴镍的方法

背景技术

[0002]　　对废弃电池进行资源化利用已进行了较广泛的研究，如席国喜等在《人工晶体学报》Vol. 35 No. 2，2006，373～377中报道了采用硫酸溶解废碱性锌锰电池，经共沉淀和煅烧处理制备锰锌铁氧体。专利 [200510017322.8] 报道了用硝酸溶解废碱性锌锰电池，然后经水热反应等工序制备锰锌铁氧体磁性材料的方法。中国专利200510036193.7报道了用碱浸出废碱性锌锰电池，分离锌锰，电解方法回收锌锰的工艺。Zhang Pingwei等在《Journal of Power Sources》Vol. 77 No. 2，1999，116～121中报道将废氢镍电池中的负极片用浓盐酸浸出—萃取分离稀土—萃取分离镍钴—制备草酸镍的方法回收有价金属。中国专利200910059694.5报道了用硝酸浸出废镍氢电池中的正极材料回收有价金属的方法。中国专利200710032291.2报道了一种从废旧锂离子电池中直接回收、生产电积钴的方法。中国专利200810026004.1报道了用高温蒸馏方法回收废镉镍电池中的镉，余料用硫酸和双氧水浸出—除铁—P507萃取分离镍和钴—水合肼还原制备镍粉的方法。

[0003]　　已经报道的对废电池的回收利用都是围绕具体的一种类型电池展开的，而不同类型废电池，如废普通锌锰电池、废碱性锌锰电池、废氢镍电池、废镉镍电池、废锂离子电池等，之间的相互利用以及针对几种不同类型废电池一起进行综合资源化利用的研究没有报道。

 案例5-2　不松动的灯具座

背景技术

许多情况下，灯具座不可避免地工作在振动环境中，如运动中汽车上的灯具座。当灯具座振动时，常造成灯具座与灯具间电接触不良，影响灯具的正常使用。因此，保证振动状态下灯具仍能保持良好电接触在专业照明行业及移动照明行业中显得尤为重要。

人们一直在努力研制一种螺纹灯具座，既要拆装灯具方便，又要保证处于振动工作环境中的灯具座与灯具保持良好的电接触。国家专利局公布的申请号201210285194.5，发明专利申请《防振灯座结构》公布了一种解决方案。本发明试图提供一种结构更简单，安装和拆卸更方便并且在振动工作环境中不松动灯具座。

 ## 案例5-3　防松动活动扳手

背景技术

活动扳手是一种旋紧或拧松有角螺钉或螺母的工具，一般由固定部、活动部、销轴、蜗轮等构成。现有扳手是通过转动蜗轮来移动活动部的，由于扳手各零部件之间存在间隙以及扳手长时间使用后各零件的磨损，使活动部在扳手工作时经常出现松动的现象，导致工作效率下降。中国专利授权公告号为CN201010524286.0的《活动扳手》采用的通过操作固定螺钉来实现对活动扳手的锁定，虽然解决了活动扳手在工作时的松动问题，但这种活动扳手结构复杂，操作不方便。

 ## 案例5-4　一种单相费控智能电表的自动分拣传送装置

背景技术

智能电表作为一种典型的计量装饰，是智能电网的智能终端，国家电网在2009年7月确定了智能电网的发展规划以来，智能电表已渐渐普及，且随着国家智能电网建设的进一步加强和深入，用户端的需求还在不断地持续增长。其中单相费控智能电表凭借其寿命长、功耗低、外形美观、体积小、重量轻、安装方便、功能多样、数据存储量巨大、准确计费、通信功能多样等优点被广泛应用。电力部门会定期回收已经用旧的单相费控智能电表，对其进行故障检测与诊断。待检测的信息包括用户地址、姓名，以及此用户表的出厂表号、表常数等便于用电管理与用电监察的信息，以及电表外观和显示是否正常，电表内部时钟是否正常，通信接口是否正常等电表自身相关参数信息。

目前，各电力部门对于单相费控智能电表回收过程中的各种信息检测，还是主要采用最传统的人工检测和人工入库为主，而现有的人工检测与人工入库存在诸多不足与缺陷，人工检测与入库的劳动强度大、检测效率低，且人工成本越来越高。随着科学技术的发展和生产自动化的要求，现有的机械化程度很低的人工检测与人工入库电表的流程已严重影响检测质量与回收效率，制约了智能电表的推广普及与进一步发展。

 ## 案例5-5　嵌入式智能移动机器人系统

背景技术

我国的智能机器人发展还落后于世界先进水平，由于国内汽车行业的快速发展，其对配套生产厂家的产品质量及产量要求不断提高，特别是装配制造业。基于这种情况对智能移动机器人的需求正在不断提高。因此智能移动机器人对企业提高生产效率、降低成本、提高产品质量、提高企业的产品管理水平起到了显著的作用。

现有的智能机器人避障功能与人机交互性不太完善、硬件体积大、能耗高，需要对其进行改进。

背景技术自检：一个合格的背景技术应该能够回答以下 5 个问题：本发明指向的技术领域是什么？这个技术领域的什么问题或缺点将会被本发明所解决？如何以及在什么情况下，这个领域中的该问题变为已知的存在？以前的技术中，这个问题为什么没能成功解决？现有技术中有什么缺点、不足？

5.2.4　具体实施方式的撰写

（1）具体实施方式的重要性

实现发明或者实用新型的优选的具体实施方式是说明书的重要组成部分，它对于充分公开、理解和实现发明或者实用新型，支持和解释权利要求都是极为重要的。因此，说明书应当详细描述申请人认为实现发明或者实用新型的优选的具体实施方式。在适当情况下，应当举例说明；有附图的，应当对照附图进行说明。优选的具体实施方式应当体现申请中解决技术问题所采用的技术方案，并应当对权利要求的技术特征给予详细说明，以支持权利要求。

（2）具体实施方式的撰写注意事项

对优选的具体实施方式的描述应当详细，使发明或者实用新型所属技术领域的技术人员能够实现该发明或者实用新型。实施例是对发明或者实用新型的优选的具体实施方式的举例说明。实施例的数量应当根据发明或者实用新型的性质、所属技术领域、现有技术状况以及要求保护的范围来确定。当一个实施例足以支持权利要求所概括的技术方案时，说明书中可以只给出一个实施例。当权利要求（尤其是独立权利要求）覆盖的保护范围较宽，其概括不能从一个实施例中找到依据时，应当给出一个以上的不同实施例，以支持要求保护的范围。如果特征技术是物质，并有多项选择时，在实施例中所有选择均应涉及；如果特征技术是参数，则应依据数值范围，设置实施例中涉及的数值个数，通常应给出两端值附近（最好是两端值）的实施例，当数值范围较宽时，还应当给出至少一个中间值的实施例。当权利要求相对于背景技术的改进涉及数值范围时，通常应给出两端值附近（最好是两端值）的实施例，当数值范围较宽时，还应当给出至少一个中间值的实施例。

　案例 5-6　不松动的灯具座　（实施方式）

具体实施方式：

以下将参照附图通过例子具体说明本发明。

图 1 为不松动灯具座的剖视图，不松动灯具座包括如图 2 所示的基座 1、接线端子（图中未示出）、基座固定孔 12、弹性电触头 13 和如图 3 所示的灯具支承部 2；所述基座 1 为一端封闭，另一端开口的圆筒状的壳体 11，接线端子（图中未示出）、基座固定孔 12 均固定在基座壳体 11 上，基座壳体封闭端内侧固定有弹性电触头 13，弹性电触头 13 与壳体 11 上的一个接线端子电连接（图中未示出），基座壳体 11 封闭端外侧的圆周上设有两个或两个以上沿半径方向均匀排列长方体状的凸筋 14，基座开口处设有卡圈以阻止灯具支承部 2 移出基座 1；所述灯具支承部 2 为与基座壳体 11 内侧相匹配的凹腔筒状壳体，灯具支承部凹腔内侧壁上设置有与灯具相匹配的螺纹 21，灯具支承部的螺纹 21 与基座上的另一接线端子电连接（图中未示出），灯具支承部凹腔底部开有使弹性电触头 13 能伸入灯具支承部内的窗口 22，窗口 22 的形状与大小以保证灯具支承部 2 与基座上的弹

性电触头 13 无电接触为宜。灯具支承部 2 与基座 1 同轴，灯具支承部 2 可在基座 1 内沿轴线适当移动，也可在基座 1 内绕轴作圆周运动。灯具支承部底部外侧的圆周上均匀分布与基座壳体 11 封闭端内侧设置的凸筋 14 相匹配的长方体状如图 4 所示的凸台 23，长方体在面对基座壳体 11 封闭端内侧的表面处设有斜面 231，在灯具支承部 2 上安放灯具时，由于外力推动，灯具支承部底部的凸台 23 卡在基座壳体封闭端的凸筋 14 之间，灯具支承部 2 与基座 1 之间无法相对转动，灯具可以顺利旋入灯具支承部 2；基座 1 上的弹性电触头 13 紧紧顶住灯具尾部的电触点，以保证灯具尾部的电触点与接线端子有良好的电接触；灯具安装结束外力撤去后，弹性电触头 13 的弹力将基座 1 中的凸筋 14 和灯具支承部中的凸台 23 分开到凸筋 14 始终高于凸台 23 斜面底部 232 或凸台 23 与凸筋 14 完全分离，当凸筋 14 低于凸台斜面底部 232 时，基座上凸筋 14 限制灯具支承部 2 转动；当凸筋 14 高于凸台斜面底部 232 时，灯具支承部上的只能沿斜面从底部 232 向顶部 233 单向转动，在无干预的情况下，灯具与灯具支承部 2 连为一体，即使处于振动状态也无法自动松开，从而达到灯具在灯具座中保持良好电接触的目的。拆卸灯具时，只要轻推灯具，灯具支承部 2 中的凸台 23 又将插入基座中的凸筋 14 中，此时旋转灯具，即可将灯具从灯具座中取出。

本发明只是通过例子的方式给出，本领域的技术人员可以对所述的实施例进行各种其他的调整和改变而不偏离本发明的权利要求所限定的范围。

 案例 5-7 防松动活动扳手 （实施方式）

具体实施方式：

如图 1 所示，本发明的防松动活动扳手包括固定部 1、活动部 2。

如图 2 所示，所述固定部 1 包括手柄 11、固定部 L 形开口 12、滑槽 13、通孔 14、销孔 15；所述固定部 L 形开口 12 位于固定部 1 上方；所述滑槽 13 位于固定部 L 形开口 12 的底部；所述通孔 14 位于滑槽 13 下方，通孔 14 与滑槽 13 相通；所述销孔 15 位于通孔 14 左右两侧。

如图 3~5 所示，所述活动部 2 包括活动部 L 形开口 21、滑块 22 和定位器 3；所述活动部 L 形开口 21 位于活动部 2 的上部且与固定部 L 形开口 12 相匹配；所述滑块 22 位于活动部 2 下部，滑块 22 与固定部上的滑槽 13 相匹配，滑块 22 的下端布列着蜗杆状的齿部 23。所述定位器 3 包括销轴 31 和蜗轮 32；所述销轴 31 的表面设有销轴螺纹 311，所述销轴 31 两端固定于销孔 15 中；所述蜗轮 32 沿蜗轮轴线设有内螺纹 321，内螺纹 321 与销轴螺纹 311 相吻合，蜗轮 32 还设有外螺纹 322，蜗轮外螺纹 322 与滑块下端蜗杆状的齿部 23 相吻合，蜗轮 32 位于销轴 31 上，可顺时针、逆时针方向旋转。转动蜗轮 32 时，蜗轮 32 可带动活动部 2 沿销轴螺纹 311 前后移动适当的距离使固定部 L 形开口 12 和活动部 L 形开口 21 紧贴螺母的两个面而不能自主松开。

本发明的防松动活动扳手在制作时，销轴 31 穿过销孔 15，将蜗轮 32 旋入其中后，要保证销轴 31 与固定部 1 无相对运动。

以上实施方式仅是本发明一个具体实施例。本发明不局限于上述实施方式，任何人在本发明的启示下都可得出其他各种形式的产品，但不论在其形状或结构上作任何变化，凡是与本发明相同或相近似的技术方案，均在其保护范围之内。

案例 5-8　一种轨迹可控水下地形测绘用智能潜艇机器人（实施方式）

具体实施方式：

如图 1-3 所示的一种轨迹可控水下地形测绘用智能潜艇机器人，包括金属外壳主体，外壳主体表面设置有水下高清摄像头 1 以达到对水下地形的拍摄记录的目的，外壳主体的上表面中间设置有控制模块 2，外壳主体的前端两侧对称设置有第一 LED 补光灯 31 和第二 LED 补光灯 32，外壳主体的中端两侧对称设置有左侧三角翼 42 和右侧三角翼 41，外壳主体的底端设置有传动模块 5，传动模块 5 包括左侧螺旋发动机 52 和右侧螺旋发动机 51，外壳主体内部设置有与控制模块 2 电连接的能源模块、传动模块和测绘模块，传动模块包括相互顺次电连接的发动机、变速器、主减速器、万向传动装置、输出轴和螺旋旋桨，使得发动机发出的动力传给艇体的螺旋桨，使本产品能按一定速度行驶；测绘模块包括测扫声呐和数字回声仪，测扫声呐及数字回声仪共同工作，对测绘值加以修正。

进一步地，外壳主体的下表面设置有外接模块，可以根据时代发展和实际需要进行内部或外部模块的拆卸维护或替换更新，如加装机械爪，发射器等。

进一步地，外接模块包括第一外接模块接口 61 和第二外接模块接口 62。

进一步地，能源模块包括电池组和混合燃料罐，配合在不同环境下及不同情况下切换或同时使用，使本产品动能能适用于更多水下环境。

进一步地，控制模块包括飞控系统和单片机，所述单片机由飞控系统控制。

具体工作流程为：本产品可由电缆进线控制，所有传输信号通过电缆发送给控制模块进行连接，进行测绘时，通过水下高清摄像头实现对周围环境的观察以及运动的操控，并用 LED 补光灯实现对昏暗、浑浊环境的观察，通过电缆进行视频传输，由 PC 机进行实时监控并保持数据至移动硬盘，测扫声呐实施对周围地形的测绘，同时数字回声仪与测扫声呐交替工作，以便减小因水文环境产生的误差。另外，本产品可转为自航式，根据下水前在分控系统内设定的固定路线进行拍摄，整个过程由飞控系统控制姿态调整、应急控制及单片机自行控制，根据不同情况触发不同阈值而调整工作姿态。

整个艇体的密封性则由尾轴填料箱（填料函）来保证，填料箱中的主要密封部件使用端面密封结构，端面密封结构由皮碗环、动静环以及密封填料组成，皮碗环装在尾轴最外侧，且固定在轴承壳体上。当尾轴不工作时，皮碗环在海水的压力下包在尾轴表面，保证填料箱的密封，皮碗环主要保证螺旋桨不工作时尾轴的密封性，之后是动静环，动环借助弹簧张力箍在静环之上，使静环紧靠尾轴表面而又与尾轴表面留有微小的间隙。当螺旋桨工作时，冷却水系统向静环与尾轴表面之间的空隙注入比艇外压力稍高的冷却水，冷却水沿尾轴表面向艇外方向流动，带走摩擦热量以及摩擦屑等杂物，冷却水到达皮碗环处，皮碗环被艇外海水紧压在尾轴壳体上，因为冷却水的压力比艇外海水压力稍高，所以冷却水能很容易冲开皮碗环，从皮碗环与尾轴之间通过，这样尾轴和皮碗环之间就产生了一个水流通道，使皮碗环与尾轴表面不接触，保证尾轴顺畅转动，同时因为出来的冷却水压力比海水压力高，所以海水不会通过这个通道进入艇内，由此可保证水流不会通过尾部进入艇体内部导致内部器件的损坏和整个潜艇的毁坏。

综上所述，仅为本实用新型的较佳实施例而已，并非用来限定本实用新型实施的范围，凡依本实用新型权利要求范围所述的形状、构造、特征及精神所为的均等变化与修饰，均应包括于本实用新型的权利要求范围内。

案例5-9 一种单相费控智能电表的自动分拣传送装置（实施方式）

具体实施方式：

如图1-2所示的一种单相费控智能电表的自动分拣传送装置，包括机架1，机架1上从左至右顺次设置有检测分类装置2、抓取机械装置3和传送装置组4，机架1内还设置有PLC控制器5，PLC控制器5与检测分类装置2、抓取机械装置3和传送装置组4均电连接，检测分类装置2包括待测电表槽22，待测电表槽22内设有通电探针（图中未标识），待测电表槽22的正上方安装有图像采集装置21，传送装置组4包括若干个传送装置，传送装置包括伺服电机41、传送带滚轮42、传送带43、前端传感器44和末端传感器45，伺服电机41与前端传感器44、末端传感器45均电连接，传送带43安装在传动带滚轮42上，前端传感器44、末端传感器45分别设置在传送带43的两侧。

进一步地，机架1的底端四角均设置有刹车滑轮11。

进一步地，刹车滑轮11上设有可上下拨动的扳扣，既方便搬移，又方便固定。

进一步地，前端传感器44和后端传感器45均采用光电传感器。

进一步地，前端传感器44设置在传送带43上靠近抓取机械装置3的一侧。

抓取机械装置属于本领域常用的装置，在此不作赘述。

具体工作原理为：本实施例的传送装置组包括3个传送装置：外观有损电表传送装置、损坏电表传送装置和完好电表传送装置，回收的待检测单相费控智能电表放置在待测电表槽中，图像采集装置对待测电表槽中的电表进行图像采集，然后与PLC控制器存储的图像进行比对。如果不一致，则抓取机械装置将电表放置到外观有损电表传送装置的传送带上；如果一致，则利用通电探针对待测的单相费控智能电表进行检测。根据检测结果由抓取机械装置分别放置到损坏电表传送装置或者完好电表传送装置的传送带上；前端传感器检测到有电表放置在传送带上时，PLC控制器给相应的伺服电机一个驱动信号，令伺服电机驱动传送带开始旋转，将电表传送到经过末端传感器后进入相应的收集箱，末端传感器检测到有电表经过后一定时间（此时间根据末端传感器距离传送带末端的距离来设定）给PLC控制器一个触发信号，PLC控制器给伺服电机一个停止信号，伺服电机停止工作，传送带也停止转动。

综上所述，仅为本实用新型的较佳实施例而已，并非用来限定本实用新型实施的范围，凡依本实用新型权利要求范围所述的形状、构造、特征及精神所为的均等变化与修饰，均应包括于本实用新型的权利要求范围内。

5.3 权利要求书的撰写

5.3.1 权利要求书有关概念

从整体上反映发明或者实用新型的技术方案，记载解决技术问题的必要技术特征。一般应当包括前序部分和特征部分，除非不适合用该种方式撰写。

① 前序部分。写明要求保护的发明或者实用新型技术方案的主题名称和发明或者实用新型主题与最接近的现有技术共有的必要技术特征。

② 特征部分。使用"其特征是……"或者类似的用语，写明发明或者实用新型区别

于最接近的现有技术的技术特征。特征部分和前序部分合在一起，限定发明或者实用新型要求保护的范围。

③ 从属权利要求。附加的技术特征对引用的权利要求作进一步的限定，包括引用部分和限定部分。只能引用在前的权利要求，引用两项以上权利要求的多项从属权利要求只能以择一方式引用在前的权利要求，并不得作为另一项多项从属权利要求的基础。

④ 引用部分。写明引用的权利要求编号及其主题名称。

⑤ 限定部分。写明发明或者实用新型附加的技术特征。

⑥ 必要技术特征。通常被理解为改进的特征。实际上，必要技术特征是指发明或者实用新型为解决其技术问题不可缺少的技术特征，其总和足以构成保护客体，使之区别于其他技术方案。其包括前序部分的共有技术特征和特征部分的区别技术特征。

5.3.2　权利要求书撰写的基本原则

（1）清楚

权利要求确定了专利权的保护范围，就好比给专利权人的领地确定了边界线，因此，这条边界线应当是清楚的。应当在用语上尽量使用确定性用语，避免使用含义不确定的用语，包括如高温、高压、强、弱、厚、薄等；"尤其是，必要时，最好是，等，大约，接近，基本上，左右"等会导致不清楚，不允许使用；还有如淋浴用喷头，喷头上加工出多个喷头，这些喷头数量不可能精确限定，因为多或少几个并不影响实际效果，此时可以使用有不确定的多个喷孔这样的词。

（2）简明

文字表达不同但含义完全相同的权利要求应当删除。

（3）完整

权利要求的技术方案应当是完整的，不能缺少解决技术问题的必要技术特征。

（4）均衡

在权利要求的授权可能性和保护范围两者间尽量取得均衡。权利要求中的区别技术特征越多，授权可能性越大，相对的，保护范围越小。因此应当合理确定区别技术特征的数量，在授权可能性和保护范围间确定良好的平衡点。

5.3.3　权利要求书的一般要求

应当简要、清楚、完整地列出说明书中所描述的所有新的技术特点。否则，就会缩小专利保护范围。说明书中没有涉及的内容，不能写入权利要求，因为要求保护的范围必须得到说明书的支持。

权利要求书中使用的技术名词、术语应与说明书中一致。权利要求书中可以有化学式、数学式，但不能有插图。除有绝对必要，不得引用说明书和附图，即不得用"说明书中所述的……""或如图三所示的……"方式撰写权利要求书。为了表达清楚，权利要求书可以引用设备部件名称和附图标记。

一项权利要求要用一句话来表达，中间可以有逗号、顿号，不能有分号和句号，以强调其意思不可分割的单一性和独立性。

权利要求只讲发明或实用新型的技术特征，不允许陈述发明或实用新型的目的、功能等。

一项发明或者实用新型只应当有一项独立权利要求。属于一个总的发明构思，符合合案申请要求的发明或实用新型专利申请，可以有两项以上的独立权利要求。每一个独立权利要求可以有若干个从属权利要求。有多项权利要求的应当用阿拉伯数字顺序编号。编号时独立权利要求应排在前面，它的从属权利要求紧跟其后。

独立权利要求应从整体上反映出发明或实用新型的主要技术内容，包括全部的必要技术特征，它本身可以独立存在。从属权利要求是引用独立权利要求或引用包括独立权利要求在内的几项权利要求的全部技术特征，又含有若干新的技术特征的权利要求，从属权利要求必须依从于独立权利要求或者在前的从属权利要求。

5.3.4　权利要求书的撰写方式

属于同一权利要求组的从属权利要求存在两种基本的撰写方式，即递进式与并列式。

① 递进式。权利要求 2 引用独立权利 1 后，权利要求 3 再引用权利要求 2，权利要求 4 又引用权利要求 3 的撰写方式；是多项从属权利要求对所引用的独立权利要求的保护范围进行逐次限定的撰写方式。

② 并列式。所有从属权利要求均引用同一独立权利要求的撰写方式。《专利审查指南》给出了修改权利要求书的比较严格的要求。

在专利权要无效阶段，对权利要求书的修改具体方式一般限于权利要求的删除、合并和技术方案的删除。权利要求的删除是指从权利要求书中去掉某项或者某些项权利要求，例如，独立权利要求或者从属权利要求。权利要求的合并是指两项或者两项以上相互无从属关系，但在授权公告文本中从属于同一独立权利要求的权利要求的合并。在此情况下，所合并的从属权利要求的技术特征组合在一起形成新的权利要求。该新的权利要求应当包含被合并的从属权利要求中的全部技术特征。在独立权利要求未作修改的情况下，不允许对其从属权利要求进行合并式修改。技术方案的删除是指从同一权利要求中并列的两种以上技术方案中删除一种或者一种以上技术方案。

由此可见，无效阶段权利要求的合并这一修改方式只有针对并列式撰写方式撰写的从属权利要求才能适用，而不适用于采用递进式撰写方式撰写的从属权利要求。针对递进式撰写方式撰写的权利要求书，专利权人只能采用删除的方式进行修改。很明显，在授权的权利要求书所包含的权利要求的项数相同的情况下，并列式撰写方式撰写的权利要求书比递进式撰写方式撰写的权利要求书所可能修改出的保护范围要多得多，维持其专利权部分有效的可能性也就大得多。但是在权利要求书中附加技术特征数目合适的情况下，仍应采用递进式撰写方式进行撰写，以尽可能减小无效程序中错失进行合并式修改的时机导致的权利人利益丧失的可能。

5.3.5　权利要求书撰写中常见的错误

① 纯功能式权利要求，这是初写者常出现的错误。一般情况下，产品必须用结构式权利要求，方法必须用步骤或条件式权利要求，不能采用功能或混合式，这种写法容易超出说明书范围，扩大了保护范围。

② 对一般的改进发明，没有前序部分和特征部分之分。实质是没有划清与现有技术的界限。

③ 在独立权利要求中，有多个前序部分和多个特征部分，这种情况是没有弄清撰写要求。一个独立权利要求只能有一个前序部分和一个特征部分。

④ 从属权利要求中没有引用部分和特征部分，或者是其中引用部分的"引证"有错误。

⑤ 使用了不准确、不明确的词汇。如"等等""高""强""弱""性能好""最好是"等。

⑥ 权利要求书得不到说明书的支持。即在权利要求书中写的技术特征，在说明书中无相应的文字记载，或是没有清楚、完整的说明。

5.3.6　权利要求书撰写的一般方法

① 详细分析发明或实用新型。分析内容包括是属于产品发明还是方法发明，对实用新型只能是产品发明，确定技术领域，研究技术方案，分析技术特征。最重要的是把技术解决方案和全部技术特征分析透彻。

② 做好检索或查新工作，特别是申请发明专利一定要查新，查是否存在同样发明，是否具有先进性。

③ 认真研究相关文献的全部技术特征，特别是与本发明或实用新型相关的技术特征，尤其要注意分析。

④ 多写几个方案，反复比较，同一发明可能写出多种权利要求书，但要达到既符合法律要求，又能恰到好处地保护申请人的利益是很不容易的。多写几个方案，有利于在反复比较过程中，确定一种正确合理的方案。最后，将确定的权利要求书与写好的说明书相比较，仔细检查两者的关系，这一点尤为重要。

📚 案例 5-10　防松动活动扳手 （权利要求书）

防松动活动扳手，包括固定部（1）、活动部（2）；所述固定部（1）包括手柄（11）、固定部 L 形开口（12）、滑槽（13）、通孔（14）、销孔（15）；所述固定部 L 形开口（12）位于固定部（1）上方；所述滑槽（13）位于固定部 L 形开口（12）的底部；所述通孔（14）位于滑槽（13）下方，通孔（14）上端与滑槽（13）相通；所述销孔（15）位于通孔（14）左右两侧。其特征在于：所述活动部（2）包括活动部 L 形开口（21）、滑块（22）和定位器（3）；所述活动部 L 形开口（21）位于活动部（2）的上部且与固定部 L 形开口（12）相匹配；所述滑块（22）位于活动部（2）下部，滑块（22）与固定部上的滑槽（13）相匹配，滑块（22）的下端布列着蜗杆状的齿部（23）；所述定位器（3）包括销轴（31）和蜗轮（32）；所述销轴（31）的表面设有销轴螺纹（311），所述销轴（31）两端固定于销孔（15）中；所述蜗轮（32）沿蜗轮轴线设有内螺纹（321），内螺纹（321）与销轴螺纹（311）相吻合，蜗轮（32）还设有外螺纹（322），蜗轮外螺纹（322）与滑块下端蜗杆状的齿部（23）相吻合，蜗轮（32）位于销轴（31）上，可顺时针、逆时针方向旋转。

1. 一种电子秤校重检验装置，包括机架和固定在机架上的支撑架，其特征在于，机架顶部为呈水平状态的矩形校重台面，设定校重台面的矩形长边为 X 轴、矩形短边为 Y 轴及竖直方向为 Z 轴，校重台面上设置有砝码放置单元和电子秤定位槽，砝码放置单元具有 N 个均匀布设的砝码放置槽，电子秤定位槽具有 M 个电子秤称取点，所述电子秤校重检验装置还包括模组输送单元、RFID 识别单元、摄像头、打标单元及控制单元。

所述模组输送单元，位于支撑架上方，与控制单元电连接，包括 X 轴模组、Y 轴模组、Z 轴模组、电子吸盘、X 轴驱动电机、Y 轴驱动电机及 Z 轴驱动电机。

所述 X 轴模组，整体呈纵长结构，固定在支撑架上方并且其纵向方向与 X 轴平行，通过联轴器连接至所述 X 轴驱动电机，并且被设置成受所述 X 轴驱动电机的驱动沿着 X 轴方向移动；所述 X 轴驱动电机与控制单元电连接。

所述 Y 轴模组，整体呈纵长结构，固定在 X 轴模组上方并且其纵向方向与 Y 轴平行，通过联轴器连接至所述 Y 轴驱动电机，并且被设置成受所述 Y 轴驱动电机的驱动沿着 Y 轴方向移动；所述 Y 轴驱动电机与控制单元电连接。

所述 Z 轴模组，整体呈纵长结构，固定在 Y 轴模组上并且其纵向方向与 Z 轴平行，通过联轴器连接至所述 Z 轴驱动电机，并且被设置成受所述 Z 轴驱动电机的驱动沿着 Z 轴方向移动；所述 Z 轴驱动电机与控制单元电连接。

所述电子吸盘，通过一吸盘支架固定在 Z 轴模组的下方，与控制单元电连接，用于吸、放砝码。

所述 RFID 识别单元包括 RFID 标签、RFID 读取装置及安装架，RFID 标签粘贴在砝码侧壁上；所述安装架固定在 Z 轴模组上；所述 RFID 读取装置固定在安装架上并且具有朝向朝下的倾角，被设置成用于读取设置在砝码上的 RFID 标签信息并将之反馈至控制单元。

所述摄像头，设置在所述安装架上并且朝向待校重电子秤的重量显示区域，被设置成用于为电子秤的重量显示区域拍照并将之反馈至控制单元。

控制单元还连接一个设定面板，该设定面板用于设定 RFID 标签信息、与其对应的砝码的重量参考值及两者之间的绑定关系。

控制单元还连接第一存储模块、第二存储模块及第三存储模块，第一存储模块被设置成用于预先存储 N 个砝码放置槽的位置和 M 个电子秤称取点的位置；第二存储模块被设置成用于存储 RFID 标签信息、与其对应的砝码的重量参考值及两者之间的绑定关系；第三存储模块被设置成用于存储每次校重的重量、时间。

控制单元还被设置成响应于所述 RFID 读取装置读取的 RFID 标签所对应的砝码重量参考值与摄像头拍摄的电子秤称取重量之间的绝对差值小于预设的阈值，判定此次校重检验合格，当 N 个砝码分别在 M 个电子秤称取点校重检验合格时，发送合格信号至打标单元。

打标单元，设置在 Z 轴模组上，与控制单元电连接，被设置成响应于合格信号为电子秤打标。

2. 根据权利要求1所述的电子秤校重检验装置，其特征在于，所述设定面板还被设置成用于预先设定 N 个砝码放置槽的位置，控制单元还被设置成响应于砝码放置槽的位置控制模组输送单元将电子吸盘运送至砝码放置槽的正上方。

3. 根据权利要求 2 所述的电子秤校重检验装置，其特征在于，所述设定面板还被设置成用于设定 M 个电子秤称取点的位置，控制单元还被设置成响应于电子秤称取点的位置控制模组输送单元将电子吸盘运送至电子秤称取点的正上方。

4. 根据权利要求 3 所述的电子秤校重检验装置，其特征在于，所述电子秤校重检验装置还具有设置在支撑架上方的报警装置，与控制单元电连接。

5. 根据权利要求 3 所述的电子秤校重检验装置，其特征在于，所述电子秤校重检验装置还具有设置在校重台面侧壁的打印机，与控制单元电连接。

6. 根据权利要求 1~5 中任意一项所述的电子秤校重检验装置，其特征在于，所述电子秤校重检验装置还包括无线收发装置，与控制单元电连接，建立控制单元和远端监控中心之间的网路连接。

7. 根据权利要求 6 所述的电子秤校重检验装置，其特征在于，所述电子秤校重检验装置还包括与控制单元以及无线收发装置连接并为其供电的电源模块，该电源模块的输出经过一稳压模块后输出给控制单元以及无线收发装置。

8. 根据权利要求 1 所述的电子秤校重检验装置，其特征在于，所述 X 轴模组包括 X 轴轴承座Ⅰ、X 轴轴承座Ⅱ、X 轴滚珠丝杆、X 轴导杆及 X 轴螺母，X 轴轴承座Ⅰ和 X 轴轴承座Ⅱ固定在支撑架上方；X 轴轴承座Ⅰ和 X 轴轴承座Ⅱ之间连接有 X 轴滚珠丝杆和 X 轴导杆，并且 X 轴滚珠丝杆和 X 轴导杆的纵向方向与 X 轴平行；X 轴螺母安装在 X 轴滚珠丝杆和 X 轴导杆上，X 轴滚珠丝杆与 X 轴驱动电机通过膜片弹性联轴器连接，并且受 X 轴驱动电机的驱动带动 X 轴螺母沿着 X 轴滚珠丝杆纵向方向移动。

Y 轴模组包括 Y 轴轴承座Ⅰ、Y 轴轴承座Ⅱ、Y 轴滚珠丝杆、Y 轴导杆及 Y 轴螺母，Y 轴轴承座Ⅰ和 Y 轴轴承座Ⅱ通过一固定支撑板固定在 X 轴螺母上；Y 轴轴承座Ⅰ和 Y 轴轴承座Ⅱ之间连接有 Y 轴滚珠丝杆和 Y 轴导杆，并且 Y 轴滚珠丝杆和 Y 轴导杆的纵向方向与 Y 轴平行；Y 轴螺母安装在 Y 轴滚珠丝杆和 Y 轴导杆上，Y 轴滚珠丝杆与 Y 轴驱动电机通过膜片弹性联轴器连接，并且受 Y 轴驱动电机的驱动带动 Y 轴螺母沿着 Y 轴滚珠丝杆纵向方向移动。

Z 轴模组包括 Z 轴轴承座Ⅰ、Z 轴轴承座Ⅱ、Z 轴滚珠丝杆、Z 轴导杆及 Z 轴螺母，Z 轴轴承座Ⅰ和 Z 轴轴承座Ⅱ通过一固定支撑板固定在 Y 轴螺母上；Z 轴轴承座Ⅰ和 Z 轴轴承座Ⅱ之间连接有 Z 轴滚珠丝杆和 Z 轴导杆，并且 Z 轴滚珠丝杆和 Z 轴导杆的纵向方向与 Z 轴平行；Z 轴螺母安装在 Z 轴滚珠丝杆和 Z 轴导杆上，Z 轴滚珠丝杆与 Z 轴驱动电机通过膜片弹性联轴器连接，并且受 Z 轴驱动电机的驱动带动 Z 轴螺母沿着 Z 轴滚珠丝杆纵向方向移动。

9. 一种电子秤校重检验装置的校重检验方法，其特征在于，所述方法包括：

步骤1：待校重检验的电子秤放置在校重台面的电子秤定位槽内，一种权利要求1~8中任意一项所述的电子秤校重检验装置启动。

步骤2：控制单元控制模组输送单元将电子吸盘运送至砝码放置槽的正上方，RFID读取装置读取砝码上的 RFID 标签并反馈至控制单元，电子吸盘吸附砝码。

步骤3：控制单元控制模组输送单元将电子吸盘运送至电子秤称取点的正上方，电子吸盘放置砝码至电子秤上，摄像头拍摄电子秤的显示重量区域照片并反馈至控制单元。

步骤4：控制单元响应于所述 RFID 读取装置读取的 RFID 标签所对应的砝码重量参

考值与摄像头拍摄的电子秤称取重量之间的绝对差值，执行下述动作。

小于预先设定的阈值时，判定此次校重合格，并将重量及校重时间发送至第三存储模块存储，当 N 个砝码分别在 M 个电子秤称取点校重检验合格时，判定校重合格，生成合格信号并发送至打标单元。

大于预先设定的阈值时，判定校重不合格，生成警报信号。

10. 根据权利要求 9 所述的电子秤校重检验装置的校重检验方法，其特征在于，所述方法还包括：

步骤 5：打标单元响应于控制单元发送的合格信号为电子秤打标。

5.4　附图与摘要

5.4.1　附图

附图不应使用工程蓝图、照片。

附图应使用制图工具按制图规范绘制，周围不得使用框线，图形线条和引出线应为黑色并且均匀清晰，不得使用铅笔、圆珠笔、彩色笔绘制，图上不得着色。附图应当用阿拉伯数字顺序编号排列，用"图1、图2……"表示。

附图的清晰度和大小应当保证图缩小到 2/3 时仍清楚地分辨出图的细节，同一零部件的附图标记应当前后一致，并且与说明书相同，附图中不应缺少说明书中提到的附图标记。多页附图应当用阿拉伯数字连续编页码。

附图中除必要的关键词外，不得有文字注释；关键词应当使用中文，必要时需用外文作出说明，可将外文加括号注于中文的一侧；结构框图、逻辑框图、工艺图应当在其框内输入文字和符号，框内的文字必须打字或用仿宋体、楷体书写工整、清晰。

同一幅附图中应用采用相同比例绘制，为清楚显示其中某一部分，可画一幅放大图。

根据专利法实施细则第二十七条第三款的规定，申请人应当就每件外观设计产品所需要保护的内容提交有关视图（图片或者照片），清楚地显示请求保护的对象。

其中的"有关视图（图片或者照片）"，就立体外观设计产品而言，产品设计要点涉及六个面的，应当提交六面正投影视图；产品设计要点仅涉及一个或几个面的，可以仅提交所涉及面的正投影视图和立体图。就平面外观设计产品而言，产品设计要点涉及一个面的，可以仅提交该面正投影视图；产品设计要点涉及两个面的，应当提交两面正投影视图。

六面正投影视图的名称，是指主视图、后视图、左视图、右视图、俯视图和仰视图。各视图的名称应当标注在相应视图的下方。

对于绘制的图，应当按照技术制图和机械制图国家标准绘制，并使用制图工具和黑色墨水，不得使用铅笔、蜡笔、圆珠笔绘制，也不得使用蓝图、草图、油印件。

对于照片，其拍摄应按照正投影规则制作，轮廓应当清晰，应当避免强光、阴影、衬托物。其中的图应按正投影制图法绘图，照片应按正投影规则拍摄，各视图比例应一致；请求保护的外观设计包含色彩的，应提交彩色图片或照片一式两份。彩色图片应采用着色牢固、不易褪色的颜料绘制。

外观设计有几种不同变化状态（如一种折叠棋箱，打开状态是棋桌、棋盘，折叠状态是棋箱），应当提交不同变化状态的相应视图。

外观设计图片或照片中不应包含不能作为要求保护的外观设计具体内容的图形、文字，如人物肖像、商标、标志、名著、著名建筑物等，或者包含有应删除的线条，如视图中的阴影线、指示线、虚线、中心线、尺寸线等。

六面视图或两面视图不能充分表达外观设计的，还应当有表达该外观设计所必要的展开图、剖视图、放大图、立体图等图面。

专利附图典型案例如图5-9～图5-12所示。

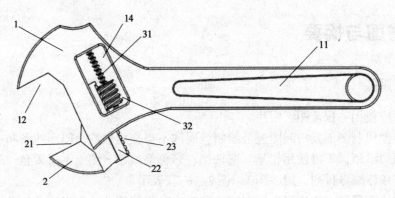

图5-9　专利附图（防松动活动扳手图1）

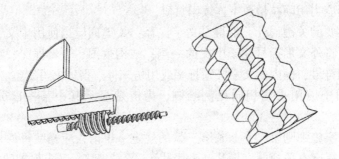

图5-10　专利附图（防松动活动扳手图2）

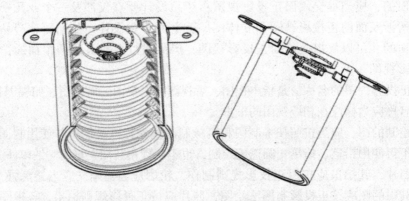

图5-11　专利附图（不松动灯具附图1）

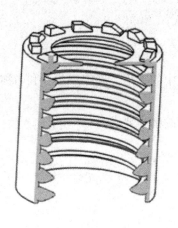

图 5-12　专利附图（不松动灯具附图 2）

5.4.2　摘要

　　专利说明书摘要是一种技术情报，不具有法律效力，不能作为修改专利说明书或权利要求书的根据，也不能用于解释专利权的保护范围。专利说明书摘要主要作用是为专利情报的检索提供方便途径，使科技人员看过后能确定是否需要进一步查阅专利文献的全文。专利说明书摘要主要内容有以下几项：发明或实用新型的名称；发明或实用新型所属技术领域；发明或实用新型需要解决的技术问题；发明或实用新型的主要技术特征；发明或实用新型的用途；说明发明或实用新型的化学式或附图。

 案例 5-12　不松动灯具座　（摘要）

　　一种不松动的灯具座，包括：基座、接线端子、基座固定孔、弹性电触头、灯具支承部。其特征在于：所述基座壳体封闭端内侧的圆周上设有两个或两个以上沿圆周的半径方向均匀排列的凸筋，灯具支承部底部的外侧的圆周上均匀分布与基座壳体封闭端内侧设置的凸筋相匹配的凸台，灯具支承部既可在基座内围绕轴线单向转动，又可在基座内沿轴线适当移动。无干预的情况下，灯具与灯具支承部连为一体，而无法自动松开。故本发明所提供的灯具座是一种结构简单，安装和拆卸方便且在振动工作环境中不会自动松动的灯具座。

案例 5-13　防松动活动扳手　（摘要）

　　本发明所述的防松动活动扳手包括固定部、活动部。其特征在于：所述活动部中的定位器由销轴和蜗轮组合而成。所述销轴的表面设有销轴螺纹；所述蜗轮沿蜗轮轴线设有与销轴螺纹相吻合的蜗轮内螺纹和与滑块下端的齿部相吻合的蜗轮外螺纹；转动蜗轮时，蜗轮可沿销轴螺纹前后移动适当的距离使固定部 L 形开口和活动部 L 形开口紧贴螺母的两个面而不能自主松开，从而解决了活动扳手工作时经常出现的松动问题。

任务与思考

1. 结合本专业相关知识或者工作学习中的感悟，确定一项专利名称。
2. 完成一项专利的申报工作。
3. 思考专利申报过程中专利文案撰写的基本要求。

创新技能——项目实践能力

‹‹‹

在创新工程实践过程中，创新能力的最终体现是实际的项目实践能力。项目实践能力包含对模式创新的认知，对工业设计理念以及创新流程的理解，在项目实践能力中，创新的知识产权的理念以及保护技能也具有重要的意义。通过创新设计流程的实施，可以有效提升创新技能中的项目实践能力。

6.1 商业模式创新

6.1.1 商业模式创新缘起与定义

（1）缘起

互联网的出现改变了基本的商业竞争环境和经济规则，标志"数字经济"时代的来临。互联网使大量新的商业实践成为可能，一批基于它的新型企业应运而生。新涌现的一些企业，如 Yahoo、Amazon 及 eBay 等，在短短几年时间，就取得巨大发展，并成功上市，许多人也随即成为百万，甚至亿万富翁，产生了强力的示范效应。它们的赚钱方式，明显有别于传统企业，于是，商业模式一词开始流行，它被用于刻画描述这些企业是如何获取收益的。这些基于互联网的新型企业的出现，对许多传统企业也产生深远冲击与影响。如 Amazon 仅用短短几年就发展成为世界上最大的图书零售商，给传统书店带来严峻挑战，新型商业模式显示出强大的生命力与竞争力。1998 年，美国政府也因此甚至对一些商业模式创新授予专利，以给予积极的鼓励与保护。无论对准备创业的，还是已有企业的人，这些都激励他们在这个经济变革时期，从根本上重新思考企业赚钱的方式，思考自己企业商业模式，商业模式创新开始受到重视。

到 2000 年前后，商业模式作为人们最初用来描述数字经济时代新商业现象的一个关键词，它的应用已不仅仅局限于互联网产业领域，而是被扩展到了其他产业领域。不仅企业家、技术人员、律师和风险投资家等商业界人士经常使用它，学术界研究人员等非商业界人士也开始研究并应用它。随着 2001 年互联网泡沫的破裂，许多基于互联网的企业虽然可能有很好的技术，但由于缺乏良好的商业模式而破产倒闭。而另一些尽管它们的技术最初可能不是最好的，但由于好的商业模式，依然保持很好的发展。于是，商业模式的重要性得到了更充分的认识。人们认识到，在全球化浪潮冲击、技术变革加快及商业环境变得更加不确定的时代，决定企业成败最重要的因素不是技术，而是它的商业模式。2003 年前后，创新并设计出好的商业模式成为商业界关注的新焦点，商业模式创新开始引起人们普遍重视，商业模式创新被认为能带来战略性的竞争优势，是新时期企业应该具备的关键能力。商业模式创新的兴起，在全球商业界引起前所未有的重视。根据 2006 年就创新问题对 IBM 在全球 765 个公司和部门经理的调查表明，他们中已有近 1/3 把商业模式创新放在最优先的地位。而且相对于那些更看重传统的创新，相对于产品或工艺创新者来说，他们在过去 5 年中经营利润增长率的表现比竞争对手更为出色。

（2）定义

要理解什么是商业模式创新，首先需要知道什么是商业模式，虽然最初对商业模式的含义有争议，但到 2000 年前后，人们逐步形成共识，认为商业模式概念的核心是价值创造。商业模式是指企业价值创造的基本逻辑，即企业在一定的价值链或价值网络中如何向客户提供产品和服务并获取利润的，通俗地说，就是企业是如何赚钱的（Timmer，1998；Linder 等，2000；Rapper，2001）。商业模式是一个系统，由不同组成部分、各部分间连接关系及其系统的"动力机制"三方面所组成（Afuah 等，2005）。商业模式的各组成部分，即其构成要素大体有 9 个，可归为 5 类。有些要素间密切关系，如核心能力和成本是企业内部价值链的结果或体现，客户关系依赖所提供产品或服务的性质及提供渠道。每个要素还以更为具体的若干维度表现出来，如市场类的目标客户要素，从覆盖地理范围看，可以是当地、区域、全国或者国际；从主体类型看，可以是政府、企业组织或者一般个体消费者；或者是根据年龄、性别、收入，甚至生活方式划分的一般大众市场或细分市场等。

商业模式创新是指企业价值创造提供基本逻辑的变化，即把新的商业模式引入社会的生产体系，并为客户和自身创造价值，通俗地说，商业模式创新就是指企业以新的有效方式赚钱。新引入的商业模式，既可能在构成要素方面不同于已有商业模式，也可能在要素间关系或者动力机制方面不同于已有商业模式。

6.1.2 商业模式创新特征与特点

（1）商业模式创新共同特征

商业模式创新的必要条件有以下 3 个方面。

第一，提供全新的产品或服务，开创新的产业领域，或以前所未有的方式提供已有的产品或服务。如 Grameen Bank 面向穷人提供的小额贷款产品服务，开辟全新的产业领域，是前所未有的。亚马逊卖的书和其他零售书店没什么不同，但它卖的方式全然不同。西南航空提供的也是航空服务，但它提供的方式，也不同已有的全服务航空公司。

第二，其商业模式至少有 4 个要素明显不同于其他企业，而非少量的差异。如 Grameen Bank 不同于传统商业银行，主要以贫穷妇女为主要目标客户，贷款额度小，不需要担保和抵押等。亚马逊相比传统书店，其特点是产品选择范围广、通过网络销售、在仓库配货运送等。西南航空也在多方面，如提供点对点基本航空服务、不设头等舱、只使用一种机型、利用大城市不拥挤机场等，不同于其他航空公司。

第三，有良好的业绩表现，体现在成本、盈利能力、独特竞争优势等方面。如 Grameen Bank 虽然不以盈利为主要目的，但它一直是盈利的。亚马逊在一些传统绩效指标方面良好的表现，也表明了它商业模式的优势，如短短几年就成为世界上最大的书店。

数倍于竞争对手的存货周转速度给它带来独特的优势，消费者购物用信用卡支付时，通常在 24 小时内到账，而亚马逊付给供货商的时间通常是收货后的 45 天，这意味它可以利用客户的钱长达一个半月。西南航空公司的利润率连续多年高于其全服务模式的同行。如今，美国、欧洲、加拿大等国内中短途民用航空市场，一半已逐步被像西南航空那样采用低成本商业模式的航空公司所占据。

（2）商业模式创新特点

创新概念可追溯到熊彼特，他提出创新是指把一种新的生产要素和生产条件的"新结合"引入生产体系。具体有 5 种形态：开发出新产品、推出新的生产方法、开辟新市场、获得新原料来源、采用新的产业组织形态。相对于这些传统的创新类型，商业模式创新有几个明显的特点。

第一，商业模式创新更注重从客户的角度来解释，从根本上讲，"客户价值最大化"是商业模式主观追求的目标。从这个角度思考设计企业的行为，视角更为外向和开放，更多注重和涉及企业经济方面的因素。商业模式创新的出发点是如何从根本上为客户创造增加的价值。因此，它逻辑思考的起点是客户的需求，根据客户需求考虑如何有效满足它，这点明显不同于许多技术创新。用一种技术可能有多种用途，技术创新的视角，常是从技术特性与功能出发，看它能用来干什么，去找它潜在的市场用途。商业模式创新即使涉及技术，也多是和技术的经济方面因素、与技术所蕴涵的经济价值及经济可行性有关，而不是纯粹的技术特性。

第二，商业模式创新表现得更为系统和根本，它不是单一因素的变化。它常常涉及商业模式多个要素同时发生的大的变化，需要企业组织的较大战略调整，是一种集成创新。商业模式创新往往伴随产品、工艺或者组织的创新；反之，则未必足以构成商业模式创新。如开发出新产品或者新的生产工艺，就是通常认为的技术创新。技术创新，通常是对有形实物产品的生产来说的。但如今是以服务为主导的时代，如美国 2006 年服务业比重高达 68.1%，对传统制造企业来说，服务也远比以前重要。因此，商业模式创新也常体现为服务创新，表现为服务内容、方式及组织形态等多方面的创新变化。

第三，从绩效表现看，商业模式创新如果提供全新的产品或服务，那么它可能开创了一个全新的可盈利产业领域，即便提供已有的产品或服务，也能给企业带来更持久的盈利能力与更大的竞争优势。传统的创新形态能带来企业局部内部效率的提高、成本降低，而且它容易被其他企业在较短时期模仿。商业模式创新虽然也表现为企业效率提高、成本降低，由于它更为系统和根本，涉及多个要素的同时变化，因此，它也更难以被竞争者模仿，常给企业带来战略性的竞争优势，而且优势常可以持续数年。

6.1.3 政府政策

商业模式创新的实践领先的国家是美国，美国政府甚至对商业模式创新通过授予专利等给予积极的鼓励与保护。传统上，商业模式创新在各国是不能得到专利法保护的，而自 1998 年美国 State Street Bank & Trust Company 对 Signature Financial Group 一案判决后，商业模式被广泛认为在美国是可以申请专利的。

商业模式专利在美国被归入商业方法（Business Method）专利类（Class705），以软件工程为基础并和一定的技术有关是这类专利的一个重要特点。1999 年，美国国会在发明者保护法案中增加条款，以保护那些最初不相信其商业方法可以获取专利，而后来这些方法被其他公司申请了专利的公司。如今，虽然还有争议，不仅是美国公司（如 Amazon、Priceline、IBM 等），越来越多的外国公司（如日本、法国、德国、英国、加拿大、瑞典等国的）也已经在美国为他们的商业方法创新申请了专利。

专利授权是公司收入的重要来源，成为每年超过 1000 亿美元的业务。商业模式专利也已经成为公司保护自己利益的有力武器。如 2003 年 5 月 27 日，美国 Virginia 州 Norfolk 地方法庭关于 eBay 及其所属公司侵犯 Merc Exchange 两项专利的判决中，eBay 及其所属公司被判给 Merc Exchange 的赔偿金高达 3500 万美元。

在我国，一些地方政府也已经行动起来，完善政府服务，积极推动当地的商业模式创新。如在杭州，商业模式创新企业可评为高科技企业或软件企业，享受相应优惠政策。它还发挥市创投服务中心平台作用，推动风投机构与项目对接，已入驻风投、银行、担保和中介服务机构 50 家，举办 18 场（次）创业投资项目发布会，涉及项目 36 个，融资总需求达 3.5 亿元。它初步整理出商业模式创新案例 112 例，进行宣传推广，以典型引路推动商业模式创新。对众多中小企业起到引导、示范作用，并使全社会关心支持商业模式创新，营造创业创新的浓厚氛围。

商业模式创新近些年在我国也引起前所未有的重视，不仅商业界重视，学术机构及一些政府部门也重视。如商业模式创新是中国科学院创新发展研究中心的重要研究内容。2007 年 2 月，在国家发展改革委和中国科学院支持下，中国科学院创新发展研究中心成立，将商业模式创新研究纳入中心重点工作内容。中心博士后乔为国承担商业模式创新理论与实践的研究工作，并在 1 年多时间里系统梳理了国内外商业模式创新的理论研究成果和重要商业模式创新实践，成果《商业模式创新》一书由上海远东出版社 2009 年 5 月出版。

创新创业是我国未来数十年经济社会发展的主旋律之一，商业模式创新是其高端形态，也是改变产业竞争格局的重要力量。商业模式创新实践已经超越以营利为主要目的的传统企业，拓展到社会企业、非政府组织和政府部门。商业模式创新不仅仅是传统以盈利为主要目的的企业所需，也是社会企业、非政府组织和政府部门所需要的。总之，商业模式创新在我国地位也将更加重要。

在杭州，商业模式创新企业已可被评为高科技企业，享受相应政府政策。在区域竞争日益加深等背景下，其他一些地方政府也正在推出或酝酿推出相似政策。中科院创新发展中心等机构也正在研究探讨国家层面的政府政策。因此，我们有理由相信，商业模式创新企业很快将得到政府的更多更有力地支持与促进。

6.1.4　商业模式创新方法与维度

（1）创新方法

商业模式创新就是对企业以上的基本经营方法进行变革。一般而言，有 4 种方法：改变收入模式（Revenue Model Innovation）、改变企业模式（Enterprise Model Innovation）、改变产业模式（Industry Model Innovation）和改变技术模式（Technology-Driven Innovation）。

① 改变收入模式。就是改变一个企业的用户价值定义和相应的利润方程或收入模型。这就需要企业从确定用户的新需求入手。这并非是从市场营销范畴中寻找用户新需求，而是从更宏观的层面重新定义用户需求，即去深刻理解用户购买你的产品需要完成

的任务或要实现的目标是什么（Consumer's Job-To-Be-Done）。其实，用户要完成一项任务需要的不仅是产品，而是一个解决方案（Solution）。一旦确认了此解决方案，也就确定了新的用户价值定义，并可依次进行商业模式创新。

国际知名电钻企业喜利得公司（Hilti）就从此角度找到用户新需求，并重新确认用户价值定义。喜利得一直以向建筑行业提供各类高端工业电钻著称，但近年来，全球激烈竞争使电钻成为低利标准产品（Commodity）。于是，喜利得通过专注于用户所需要完成的工作，意识到它们真正需要的不是电钻，而是在正确的时间和地点获得处于最佳状态的电钻。然而，用户缺乏对大量复杂电钻的综合管理能力，经常造成工期延误。因此，喜利得随即改变它的用户价值定义，不再出售而是出租电钻，并向用户提供电钻的库存、维修和保养等综合管理服务。为提供此用户价值定义，喜利得公司变革其商业模式，从硬件制造商变为服务提供商，并把制造向第三方转移，同时改变盈利模式。戴尔、沃尔玛、道康宁（Dow Corning）、Zara、Netflix 和 Ryanair 等都是如此进行商业模式创新。

② 改变企业模式。就是改变一个企业在产业链的位置和充当的角色，也就是说，改变其价值定义中"造"和"买"（Make or Buy）的搭配，一部分由自身创造（Make），其他由合作者提供（Buy）。一般而言，企业的这种变化是通过垂直整合策略（Vertical Integration）或出售及外包（Outsourcing）来实现。如谷歌在意识到大众对信息的获得已从桌面平台向移动平台转移，自身仅作为桌面平台搜索引擎会逐渐丧失竞争力，就实施垂直整合，大手笔收购摩托罗拉手机和安卓移动平台操作系统，进入移动平台领域，从而改变了自己在产业链中的位置及商业模式，由软变硬。IBM 也是如此，它在20世纪90年代初期意识到个人电脑产业无利可循，即出售此业务，并进入 IT 服务和咨询业，同时扩展它的软件部门，一举改变了它在产业链中的位置和它原有的商业模式，由硬变软。甲骨文（Oracle）、礼来（Eli Lilly）、香港利丰和即将推出智能手机的 Facebook 等都是采取这种思路进行商业模式创新。

③ 改变产业模式。是最激进的一种商业模式创新，它要求一个企业重新定义本产业，进入或创造一个新产业。如 IBM 通过推动智能星球计划（Smart Planet Initiative）和云计算，它重新整合资源，进入新领域并创造新产业，如商业运营外包服务（Business Process Outsourcing）和综合商业变革服务（Business Transformation Services）等，力求成为企业总体商务运作的大管家。亚马逊也是如此，它正在进行的商业模式创新向产业链后方延伸，为各类商业用户提供如物流和信息技术管理的商务运作支持服务（Business Infrastructure Services），并向它们开放自身的20个全球货物配发中心，并大力进入云计算领域，成为提供相关平台、软件和服务的领袖。其他如高盛（Goldman Sachs）、富士（Fuji）和印度大企业集团 Bharti Airtel 等都在进行这类的商业模式创新。

④ 改变技术模式。正如产品创新往往是商业模式创新的最主要驱动力，技术变革也是如此。企业可以通过引进激进型技术来主导自身的商业模式创新，如当年众多企业利用互联网进行商业模式创新。当今，最具潜力的技术是云计算，它能提供诸多崭新的用户价值，从而提供企业进行商业模式创新的契机。另一项重大的技术革新是 3D 打印技术。如果一旦成熟并能商业化，它将帮助诸多企业进行深度商业模式创新。如汽车企业可用此技术替代传统生产线来打印零件，甚至可采用戴尔的直销模式，让用户在网上订货，并在靠近用户的场所将所需汽车打印出来。

（2）创新维度

一般商业模式创新可以从战略定位创新、资源能力创新、商业生态环境创新以及将这三种创新方式结合产生的混合商业模式创新这四个维度进行。

① 战略定位创新。战略定位创新主要是围绕企业的价值主张、目标客户及顾客关系方面的创新，具体指企业选择什么样的顾客，为顾客提供什么样的产品或服务，希望与顾客建立什么样的关系，其产品和服务能向顾客提供什么样的价值等方面的创新。在激烈的市场竞争中，没有哪一种产品或服务能够满足所有的消费者，战略定位创新可以帮助我们发现有效的市场机会，提高企业的竞争力。

在战略定位创新中，企业首先要明白自己的目标客户是谁，其次是如何让企业提供的产品或服务在更大程度上满足目标客户的需求，在前两者都确定的基础上，再分析选择何种客户关系。合适的客户关系也可以使企业的价值主张更好地满足目标客户。

美国西南航空公司抓住了那些大航空公司热衷于远程航运而对短程航运不屑一顾的市场空隙，只在美国的中等城市和各大城市的次要机场之间提供短程、廉价的点对点空运服务，最终发展成为美国四大航空公司之一。日本 Laforet 原宿个性百货商店打破传统百货商店的经营模式——每层经营不同年龄段不同风格服饰，专注打造以少男少女为对象的时装商城，最终成为最受时尚年轻人和海外游客欢迎的百货公司。王老吉创新性地将自己的产品定位于"饮料＋药饮"这一市场空隙，为广大顾客提供可以"防上火"的饮料，正是这种不同于以往饮料行业只在产品口味上不断创新的竞争模式，最终使王老吉成为畅销品牌。

② 资源能力创新。资源能力创新是指企业对其所拥有的资源进行整合和运用能力的创新，主要是围绕企业的关键活动，建立和运转商业模式所需要的关键资源的开发和配置、成本及收入源方面的创新。所谓关键活动，是指影响其核心竞争力的企业行为；关键资源指能够让企业创造并提供价值的资源，主要指那些其他企业不能够代替的物质资产、无形资产、人力资本等。

在确定了企业的目标客户、价值主张及顾客关系之后，企业可以进一步进行资源能力的创新。战略定位是企业进行资源能力创新的基础，而且资源能力创新的四个方面也是相互影响的。一方面，企业要分析在价值链条上自己拥有或希望拥有哪些别人不能代替的关键能力，根据这些能力进行资源的开发与配置；另一方面，如果企业拥有某项关键资源（如专利权），也可以针对其关键资源制定相关的活动，对关键能力和关键资源的创新也必将引起收入源及成本的变化。

丰田以最终用户需求为起点的精益生产模式改变了 20 世纪 70 年代以制造商为起点的商业模式，通过有效的成本管理模式创新，大大提高了企业的经营管理效率。20 世纪90 年代，当通用发现传统制造行业的利润越来越小时，他们改变行业中以提供产品为其关键活动的商业模式，创新性地提出以利润和客户为中心的"出售解决方案"模式。在传统的经营模式中，企业的关键活动是为客户提供能够满足其需求的机械设备，但在"出售解决方案"模式中，企业的关键活动是为客户提供一套完整的解决方案，而那些器械设备则成为这一方案的附属品。有资料显示，通用的这一模式令通用在一些区域的销售利润率超过 30%。另外，通用还积极扩展它的利润源，他们建立了通用电气资本公司。在 20 世纪 80 年代中后期，通用电气资本年净收入达到 18%，远远超出通用其他部门 4% 的平均值。

③ 商业生态环境创新。商业生态环境创新是指企业将其周围的环境看作一个整体，打造出一个可持续发展的共赢的商业环境。商业生态环境创新主要围绕企业的合作伙伴进行创新，包括供应商、经销商及其他市场中介，在必要的情况下，还包括其竞争对手。市场是千变万化的，顾客的需求也在不断变化，单个企业无法完全完成这一任务，企业需要联盟，需要合作来达到共赢。

企业战略定位及内部资源能力都是企业建立商业生态环境的基础。没有良好的战略定位及内部资源能力，企业将失去挑选优秀外部合作者的机会以及与他们议价的筹码。一个可持续发展的共赢的商业环境也将为企业未来发展及运营能力提供保证。

20世纪80年代，美国最大的连锁零售企业沃尔玛和全球最大的日化用品制造商宝洁争执不断，他们相互威胁与抨击，各种口水战及笔墨官司从未间断。由于争执给双方都带来了损失，后来他们开始反思，最终促成他们建立了一种全新的供应商与零售商关系，把产销间的敌对关系转变成了双方均能获利的合作关系。宝洁开发并给沃尔玛安装了一套"持续补货系统"，该系统使宝洁可以实时监控其产品在沃尔玛的销售及存货情况，然后协同沃尔玛共同完成相关销售预测、订单预测以及持续补货的计划。这种全新的协同商务模式为双方带来了丰厚的回报。根据贝恩公司调查显示，2004年宝洁514亿美元的销售额中有8%来自于沃尔玛，而沃尔玛2560亿美元的销售额中有3.5%归功于宝洁。另一个建立共赢的商业生态环境的是戴尔。戴尔公司自己既没有品牌又没有技术，它凭什么在短短的二十几年的时间，从一个大学没毕业的学生创建的企业一跃成为电脑行业的佼佼者？就是因为它独特的销售渠道模式。但是，在其独特的销售模式背后是戴尔建立的共赢的商业生态模式，它在全球建立了一个以自己的网络直销平台为中心，众多供应商环绕其周围的商业生态经营模式。

④ 混合商业模式创新。混合商业模式创新是一种战略定位创新、资源能力创新和商业生态环境创新相互结合的方式。根据笔者的研究，企业的商业模式创新一般都是混合式的，因为企业商业模式的构成要素中的战略定位、内部资源、外部资源环境之间是相互依赖、相互作用的，每一部分的创新都会引起另一部分相应的变化。而且，这种由战略定位创新、资源能力创新和商业能力创新两两相结合，甚至同时进行的创新方式，都会为企业经营业绩带来巨大的改善。

苹果公司的巨大成功，不单单在其独特的产品设计，还源于其精准的战略创新。他们看中了终端内容服务这一市场的巨大潜力，因此，它将其战略从纯粹的出售电子产品转变为以终端为基础的综合性内容服务提供商。从其"iPod + iTune"到后来的"iphone + App"都充分体现了这一战略创新。在资源能力创新方面，苹果突出表现在能够为客户提供充分满足其需求的产品这一关键活动上。苹果每一次推出新产品，都超出了人们对常规产品的想象，其独特的设计以及对新技术的采用都超出消费者的预期。例如，消费者所熟知的重力感应系统、多点触摸技术以及视网膜屏幕的现实技术都是率先在苹果的产品上使用的。另一方面，苹果的成功也得益于其共赢的商业生态模式。2008年3月，苹果公司发布开发包SDK下载，以便第三方服务开发商针对iphone开发出更多优秀的软件，为第三方开发商提供了一个又方便又高效的平台，也为自己创造了良好的商业生态环境。

总之，商业模式创新既可以是三个维度中某一维度的创新，也可以是其中的两点，甚至三点相结合的创新。正如Morris等（2005）提出的，有效的商业模式这一新鲜事物能够导致卓越的超值价值（Super Value），商业模式创新将成为企业家追求超值价值的有效工具。

6.2　工业设计

工业设计（Industrial Design，ID）指以工学、美学、经济学为基础对工业产品进行设计。工业设计分为产品设计、环境设计、传播设计、设计管理 4 类；包括造型设计、机械设计、电路设计、服装设计、环境规划、室内设计、建筑设计、UI 设计、平面设计、包装设计、广告设计、动画设计、展示设计、网站设计等。工业设计又称工业产品设计学，工业设计涉及心理学、社会学、美学、人机工程学、机械构造、摄影、色彩学等。工业发展和劳动分工所带来的工业设计，与其他艺术、生产活动、工艺制作等都有明显不同，它是各种学科、技术和审美观念的交叉产物。

6.2.1　历史沿革

工业设计起源于包豪斯（Bauhaus，1919—1933），包豪斯是德国魏玛市"公立包豪斯学校"（Staatliches Bauhaus）的简称，后改称"设计学院"（Hochschule für Gestal-tung），习惯上仍沿称"包豪斯"。在德国统一后，位于魏玛的设计学院更名为魏玛包豪斯大学（Bauhaus-Universität Weimar：Universitätr）。它的成立标志着现代设计的诞生，对世界现代设计的发展产生了深远的影响，包豪斯也是世界上第一所完全为发展现代设计教育而建立的学院。"包豪斯"一词是格罗披乌斯生造出来的，是德语 Bauhaus 的译音，由德语 Hausbau（房屋建筑）一词倒置而成。

6.2.2　名词解释

① 工业设计的对象是批量生产的产品，区别于手工业时期单件制作的手工艺品。它要求必须将设计与制造、销售与制造加以分离，实行严格的劳动分工，以适应于高效批量生产。这时，设计师便随之产生了。所以工业设计是现代化大生产的产物，研究的是现代工业产品，满足现代社会的需求。

② 产品的实用性、美和环境是工业设计研究的主要内容。工业设计从一开始就强调技术与艺术相结合，所以它是现代科学技术与现代文化艺术融合的产物。它不仅研究产品的形态美学问题，而且研究产品的实用性能和产品所引起的环境效应，使它们得到协调和统一，更好地发挥其效用。

③ 工业设计的目的是满足人们生理与心理双方面的需求。工业产品是满足手工艺时人们生产和生活的需要，工业设计无疑就是为现代的人服务的，它要满足现代人们的要求，所以它首先要满足人们的生理需要，如一个杯子必须能用于喝水，一支钢笔必须能用来写字，一辆自行车必须能代步，一辆卡车必须能载物等。工业设计的第一个目的就是通过对产品的合理规划，而使人们能更方便地使用它们，使其更好地发挥效力。在研究产品性能的基础上，工业设计还通过合理的造型手段，使产品能够具备富有时代精神、符合产品性能、与环境协调的产品形态，使人们得到美的享受。

④ 工业设计是有组织的活动。在手工业时代，手工艺人们大多单枪匹马，独自作战。而工业时代的生产，则不仅批量大，而且技术性强，不可能由一个人单独完成，为

了把需求、设计、生产和销售协同起来，就必须进行有组织的活动，发挥劳动分工所带来的效率，更好地完成满足社会需求的最高目标。

⑤ 国际工业设计协会联合会自 1957 年成立以来，加强了各国工业设计专家的交流，并组织研究人员给工业设计下过两次定义。在 1980 年举行的第十一次年会上公布的修订后的工业设计的定义为：就批量生产的产品而言，凭借训练、技术知识、经验及视觉感受而赋予材料、结构、构造、形态、色彩、表面加工以及装饰以新的品质和资格，这叫做工业设计。根据当时的具体情况，工业设计师应在上述工业产品的全部方面或其中几个方面进行工作，而且，当需要工业设计师对包装、宣传、展示、市场开发等问题的解决付出自己的技术知识和经验以及视觉评价能力时，也属于工业设计的范畴。

6.2.3 发展

当人类第一次把石头当作工具时，第一次装饰洞穴设计就开始了。实际上，工业设计（Industrial Design）起源于工业革命时期，至今已有 250 多年。由于历史的原因，在我国比较系统地引进工业设计的理念、方法 30 多年中，前 20 多年发展缓慢。随着科学发展观的贯彻落实，转变发展方式的需求，后 10 年工业设计，发展的步伐大大加快。国家"十一五""十二五"规划及政府工作报告都列入了要发展工业设计；2010 年，工信部等 11 个部委联合发布了专门文件《关于促进工业设计发展的若干指导意见》；2011 年年底，国务院发出的《工业转型升级规划（2011—2015 年）》，以及 2012 年年初国务院办公厅发出的《关于加快发展高技术服务业的指导意见》这两份重要文件，都具体强调了要发展工业设计。北京、上海、广东、浙江、江苏、深圳等 20 多个省、市和地级市都制定了促进工业设计发展的政策措施。在"大环境"大大改善的情况下，一些原来领先的企业继续领跑，一批新兴后上企业急步向前，涌现了一批领军人物和优秀产品，许多产品不但获得国内"红星奖"，还获得国际上知名的奖项。

《前瞻中国工业设计行业发展模式与前景预测分析报告》显示，2011 年深圳各类工业设计机构近 5000 家，在职专业工业设计师及从业人员超过 6 万人。2010 年度工业设计产值近 20 亿，2011 年工业设计产值增长也在 25%以上，而通过工业设计带来的产业附加值超过千亿。同时，深圳已经形成具有集聚效应的创意设计产业园区 45 个，广东省工业设计示范基地和企业共 6 家。

我国设计产业在取得长足发展，北京、长三角、珠三角地区设计产业呈现欣欣向荣局面的同时，总体水平上还与成熟的发达地区有较大的差距。我国工业设计产业仍具有较大的发展潜力，问题在于如何正确、合理地引导工业设计的发展方向，这就需要借鉴国外先进的发展经验，找出适合我国发展的模式，实现我国工业设计产业的腾飞。

德国、美国、日本、韩国等国家都将发展工业设计上升到国家战略予以重点扶持。以宝马、奔驰、苹果、索尼、三星为代表的世界知名企业及其主要产品是工业设计的典范。改革开放以来，我国工业设计产业发展迅速，全国专业工业设计公司已超过 1200 家，直接从业人员超过 30 万人，主要集中分布在环渤海经济圈、长江三角地区和珠江三角地区。

以德国工业创新的战略为例，可以分为魏玛时期、德绍时期以及柏林时期三个不同阶段。第一阶段（1919—1925 年），魏玛时期。沃尔特·格罗皮乌斯（Walter Gropius）任校长，提出"艺术与技术新统一"的崇高理想，肩负起训练 20 世纪设计家和建筑师的神圣使命。他广招贤能，聘任艺术家与手工匠师授课，形成艺术教育与手工制作相结合的新型教育制度。

第二阶段（1925—1932 年），德绍时期。包豪斯在德国德绍重建，并进行课程改革，实行了设计与制作教学一体化的教学方法，取得了优异成果。1928 年格罗皮乌斯辞去包豪斯校长职务，由建筑系主任汉内斯·梅耶（Hanns Meyer）继任，汉内斯·梅耶将包豪斯的艺术激进扩大到政治激进，从而使包豪斯面临着越来越大的政治压力，最后梅耶不得不于 1930 年辞职离任，由 L.密斯·凡·德·罗（Lmies Van De Rohe）继任。接任的密斯面对来自政治方面的压力，竭尽全力维持着学校的运转，直到 1932 年 10 月德绍被占据后，被迫关闭包豪斯。

第三阶段（1932—1933 年），柏林时期。L.密斯·凡·德·罗将学校迁至柏林的一座废弃的办公楼中，试图重整旗鼓，由于包豪斯精神为德国政府所不容，密斯最终回天无力，于当年 8 月宣布包豪斯永久关闭。1933 年 11 月包豪斯被封闭，结束其 14 年的发展历程。

6.2.4　学术范畴

随着工业设计领域的日益拓宽，不同领域又具有各自的特点，可以从产品设计、环境设计、传播设计、设计管理等不同的角度对工业设计的领域进行划分。

（1）按照艺术的存在形式进行分类

一维设计，泛指单以时间为变量的设计；二维设计，亦称平面设计，是针对在平面上变化的对象进行的设计，如图形、文字、商标、广告的设计等。三维设计，亦称立体设计，如产品、包装、建筑与环境等进行的设计；四维设计，是三维空间伴随一维时间（即 3＋1 的形式）的设计，如舞台设计等。

（2）从人、自然与社会的对应关系出发，按照学科形成的本质含义进行分类

人、自然、社会组成了最基本的关系圈，其分类的对应关系大致是：产品设计，相当于狭义工业设计，是以三维设计为主的；环境设计，包括各类建筑物的设计、城市与地区规划、建筑施工计划、环境工程等；传播设计，是对以语言、文字或图形等为媒介而实现的传递活动所进行的设计。根据媒介的不同可归为两大类：以文字与图形等为媒介的视觉传播；以语言与音响为媒介的听觉传播。

（3）按照工业设计概念与界定进行分类

随着科技的发展和现代化技术的运用，工业设计与工艺美术设计的界限正在变得日益模糊，一些原属于工艺美术设计领域的设计活动兼具了工业设计的特点，如家具设计与服装设计。工业设计作为连接技术与市场的桥梁，迅速扩展到商业领域的各个方面：广告设计，包括报纸、杂志、招贴画、宣传册、商标等；展示设计，包括铺面、橱窗、展示台、招牌、展览会、广告塔等；包装设计，包括包装纸、容器、标签、商品外包装等；装帧设计，包括杂志、书籍、插图、卡通与版面设计等。即便是在自成体系的建筑领域中，工业设计也发挥出越来越重要的作用。

6.2.5　社会特征

① 社会活动。工业发展和劳动分工所带来的工业设计与其他的艺术活动、生产活动、工艺制作等，都有着明显的不同，它是各种学科、技术和审美观念相交叉的产物。

② 社会价值。我们每天所接触的世界本来就应该是统一体。各种事物也是一样，具有多面性，是同一的自然体，这是我们谁都懂得的事实，但是人们在认识自然界的过程中，为了有条理，易于把握，把世界、自然规律进行分类，从而产生了数学、物理、化学等各种学科，产生了哲学、美学、艺术各种理论。然而实际上，任何一个实际存在的东西都应该是全息的，包括各种规律、各个侧面的综合。人类的造物活动也不例外，它是通过人们掌握的各种知识、技能的体现，完成满足人本身的需要这一目的。工业设计极力要求人类在生产实践活动中，把科学技术与文化艺术重新统一起来。所以工业设计包括了科技与艺术方面的众多学科知识，使工业设计既能满足产品技术方面的因素，也要处理艺术方面的内容，来满足人类需求这一最高目的。

设计古而有之，发展了许多分支，像机械、电子电路、化工等设计都属于技术方面的工程设计范畴，它们着重解决机械或器具的性能问题，或者说是物与物之间的关系。这些性能无疑是为人服务的，但相对远些，是间接的。而工业设计是一种横向学科，侧重于人与物之间的关系，即倾向于满足人们的直接需要和产品能安全生产，易于使用，降低成本以及合乎需要的方法上，从而它能使产品造型、功能、结构和材料协调统一，成为完善的整体。它不仅满足使用需求，也能提供文化审美营养。

③ 降低成本。工业设计在使产品造型、功能、结构和材料科学合理化的同时，省去了不必要的功能以及不必要的材料，并且在提高产品的整体美与社会文化功能方面，起到了非常积极的作用。现代社会技术竞争很激烈，谁拥有新技术，谁就能在竞争中占有优势，但技术的开发非常艰难，代价和费用极其昂贵。相比之下，利用现有技术，依靠工业设计，则可用较低的费用提高产品的功能与质量，使其更便于使用，增加美观，从而增强竞争能力，提高企业的经济效益。我们可以想象，把电视机的显示方式变成液晶式的，这是一大技术进步，但又是何等的艰难，但在结构、造型、整体性与环境的色彩协调，为不同人群需要而进行的产品设计方面则相对可及、便利，这往往也是国际市场商品竞争的焦点。

为了增强国际市场的竞争能力，我国一直强调要把产品的包装搞上去，这无疑是一个应急措施。但从长远发展来看，还必须从产品设计下手，重视产品的工业设计才能从根本上解决问题。只有从全面考虑的观点出发，才能使技术、产品、包装统一起来。包装是工业设计的辅助设计，只有重视工业设计，在企业中大力推广工业设计，才能使产品有竞争力，增加企业的经济效益。

④ 艺术性。爱美是人的天性之一，而工业设计的目的就是为人服务的。其重点在于产品的外形质量，通过对产品各部件的合理布局，增强产品自身的形体美以及与环境协调美的功能，使人们有一个适宜的环境，美化人们的生活。

⑤ 产品系列化。工业设计源于大生产，并以批量生产的产品为设计对象，所以进行标准化、系列化，为人们提供更多更好的产品是其目的之一。除此之外，工业设计还有使产品便于包装、储存、运输、维修，使产品便于回收、降低环境污染等作用。总之，工业设计的中心议题是如何通过对产品的综合处理，增强其外形质量，便于使用，从而更好地为人民服务。

⑥ 产品设计。由于工业设计在各个国家发展过程不同，工业设计所覆盖的区域在各个国家也有所不同。如英国把染织服装设计、平面设计、陶瓷与玻璃器皿设计、家具与家庭用品设计、室内设计、机械工程产品设计都归入工业设计的领域。对于美国人来说，

其内容更广泛，他们把所有关于人与物品发生关系的设计，都称作工业设计。但是，越来越通用的工业设计的主要领域是我们在定义中所表述的，专注于批量生产的产品之美与有用性的设计，即所谓的产品设计（Product Design），这是工业设计的核心内容。工业产品可分为：个人使用的产品；一组人群使用的产品；超个人、群体使用的产品、设施（主要指公共设施）；与人们日常生活较远的产品（如机械设备、科学仪器等）。产品设计在上述领域都发挥着重要作用。

⑦ 视觉传达设计。国际工业设计学会联合会给设计下的定义中，把视觉传达（主要指宣传）设计也列为工业设计的范畴，这就使工业设计贯穿了工业产品制造的全过程。所谓视觉传达设计（Visual Communication Design）或称传达设计（Communication Design）是指为推广工业设计的产品而进行的包装设计、装潢设计、展示设计，甚至广告设计。严格来讲，广告设计与视觉传达设计是有区别的。虽然它们所使用的技术与用语是相同的，但广告设计是以说服顾客购买某家产品或接受某项服务为目的，而视觉传达设计则不单是为了刺激销售，更重要的是通过一定的视觉化手段，达到更清晰、更有利地展示产品的目的。传达设计把用户的利益放在第一位，这是它与广告设计的根本区别。除了推广产品外，视觉传达设计还规定企业标志、商标，乃至整个企业形象等。

6.3 创新项目管理

6.3.1 项目管理的历史沿革

项目管理的 5 个过程：项目启动阶段（Project Initiation）、项目计划阶段（Project Planning）、项目实施阶段（Project Implementation）、项目控制阶段（Project Control）、项目终止阶段（Project Termination）。

项目管理的 9 个知识领域有：项目整合管理、项目范围管理、项目时间管理、项目成本管理、项目质量管理、项目人力资源管理、项目沟通管理、项目风险管理、项目采购管理。

6.3.2 科技查新

（1）科技查新的含义

《国家科委关于科技查新咨询工作管理办法（试行）》中规定，科技查新工作是指通过手工检索和计算机检索等手段，运用综合分析和对比等方法，为评价科研立题、成果、专利、发明等的新颖性、先进性和实用性提供文献依据的一种信息咨询服务形式。

国家科学技术部发布的《科技查新机构管理办法》和《科技查新规范》（国科发计字〔2000〕544 号）中，将科技查新定义为"是指查新机构根据查新委托人提供的需要查证其新颖性的科学技术内容，按本规范操作，并作出结论"。以上定义将科技查新的作用局限在一种单一的功能上，未能体现科技查新在科研管理和科学研究中的真正作用与意义，并将科技查新定义为一种静态的过程，有悖于科技查新的信息传播规律。

科技查新的目的：科研管理，科技创新项目内容的"把关人"；科学研究，科技查新应用于科技创新项目的始终。

科技查新最终的服务对象：科研管理人员和研究人员，尤其是面向研究人员的服务。

（2）科技查新的特点

① 面向特定的用户与科技创新项目。

② 检索人员的学科专业性。

③ 检索方法、检索结果与结果分析的统一。

④ 基本检索指标要求是"查全率"。

⑤ 检索所得的相关文献的多寡与项目新颖性大小成反比。

⑥ 可持续性和延展性。

⑦ 书目信息与原文服务的统一。

（3）科技查新的变化及所带来的问题

① 手工检索到数据库检索，信息源从纸质到电子，导致了信息源选择更加多样与复杂，越来越多地用电子检索来替代手工检索，信息的可靠性判断难度加大。

② 数据库检索到网络检索，导致了海量信息的出现。越来越少地使用联机检索，甚至抛弃联机检索，检索结果越来越良莠不分，难以判断新颖性。

③ 科技查新随着信息传播能力的提高及研究项目的国际化，检索结果却出现中国化的趋势，一些查新中心几乎抛弃了外文文献检索。

6.3.3 科技计划与科技创新项目

（1）我国科技计划与科技创新项目类型

国家科技计划是政府组织科学研究和技术开发活动的基本形式，我国科技计划的制订一般由政府科技主管部门负责组织。目前国家科技部、国家发展改革委、教育部、国家自然科学基金委等推出了20多项国家级重大科技计划，计划以项目申报为中心。

国家科技计划可按其研究性质、管理部门、经费需求的大小和研究内容的重要程度等分为不同的类型。

① 按研究性质。按研究性质，国家科技计划分为：应用开发主导型，如科技攻关计划、星火计划、成果推广计划、技术创新工程、科技型中小企业创新基金等。高技术研究发展型，如高技术研究发展计划（"863"计划）、火炬计划等。基础研究型，如国家自然科学基金计划、国家重点实验室计划、基础性研究重大关键项目计划（攀登计划）等。

② 按管理部门。按管理部门，国家科技计划分为：国家项目、部门项目、地方项目。

③ 从经费需求的大小和研究内容的重要程度。

从经费需求的大小和按研究内容的重要程度，科技计划分为：重大项目、重点项目、一般（面上）项目等。

（2）科技创新项目的特征

研究任务明确，实现路径清晰。基础性研究应体现对新知识体系的贡献，应用于开发的研究应体现出技术的先进性和潜在的效益。研究结果不确定，结果评价专业化。

（3）主要的科技创新项目

国家自然科学基金是国家创新体系的重要组成部分，其战略定位是"支持基础研究，坚持自由探索，发挥导向作用"。自然科学基金面向全国，采取竞争机制，以资助"项目"和"人才"的方式，择优并重点支持我国具有良好研究条件和研究实力的高等院校和研究机构中的科技工作者从事自然科学基础研究。基础研究科学问题有两个来源：一是从科学自身发展提出的问题；二是从经济社会发展提出的问题。

自然科学基金委每年向社会发布国家自然科学基金项目指南（以下简称《项目指南》）引导广大科研人员积极申请项目，所有符合申请条件的科研人员均可通过所在单位自由申请各类项目，申请者根据《项目指南》可自行确定申请项目的名称、研究内容、目标以及方案等。自然科学基金委积极鼓励科研人员开展具有重要科学意义的、瞄准国际科学发展前沿的研究，以及开展针对我国国民经济和社会可持续发展中关键科学问题的创新性研究。它鼓励科研人员充分利用国家现有科学研究基地开展工作，鼓励开展实质性的国际合作与交流，特别鼓励进行学科交叉方面的研究。

国家自然科学基金面向全国，已经在自然科学基金委注册的单位的研究人员均可以根据自然科学基金各类项目的要求向自然科学基金委提出申请。2002—2006 年自然科学基金项目资助费用统计见图 6-1。

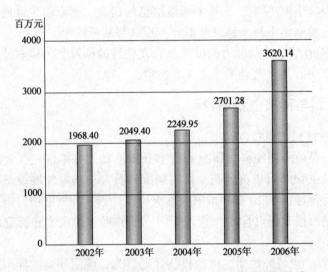

图 6-1　2002—2006 年自然科学基金项目资助费用统计

6.3.4　科技创新项目管理

（1）科技创新项目管理的要素与内容

根据现代项目管理理论，科技项目实施要经历项目可行性论证、规划计划、实施与控制、收尾和验收等几个阶段，所涉及管理技术包括项目范围管理、进度管理、资金管理、质量管理、风险管理、项目队伍管理、设备采购管理、沟通管理和项目整体管理等。

① 项目立项管理。项目立项管理包括发布指南、项目申请、可行性论证或评估、项目审批、项目签署。

② 项目实施管理。项目实施管理包括明确各方职责、建立项目年度报告制度、中期评估。

③ 项目验收管理。项目验收管理包括验收时间、验收程序、验收资料、验收小组、验收结论。

（2）科技创新项目前期、中期和后期的管理

科技创新项目前期、中期和后期的管理包括前期评估、中期评估、后期评估。

（3）科技创新项目管理中存在的问题

① 我国虽然也有科技评估制度，但到目前为止，评估工作的重点还是对科技成果的评审。

② 近几年在国家和省级项目开展了科技评审，但比较注重的是对申报项目的前期评估，缺少事中、事后与跟踪等几个阶段评估。对不同的项目还缺少分类评估，往往一个评估小组同时评价几种类型的项目，评的项目多、时间紧，效果欠佳。

③ 科技评估缺乏有效的法律保障。虽然已制定了一些法律或者规定，如科技部委托国家科技评估中心规定了《科技评估管理暂行办法》和《科技评估、科技项目招投标工作资质认定暂行办法》等，但总体上还不够完善。

④ 评估（价）的透明度不够。开展对重大项目的公示制度是提高评价透明度，防止偏离评价目标的重要措施。我国目前还没有推行这一做法。评估中心（生产力促进中心）等第三方评价有很多优点，增强了评价的公正性，但评估还未做到完全透明，对评估结果未能及时发布，还存在"人情"弊病。

⑤ 科技评估机构人员素质还有待提高，还需要经过专门的培训。许多评估机构还存在人员专业素质，职业道德方面的培养、训练等问题，还需要磨炼。

 任务与思考

1. 创新项目管理一共分为哪几个阶段？
2. 简述工业设计的内涵分析。
3. 以实际创新项目为例，统筹分析科技项目管理的全过程。

第7章

创新实践案例——自动校重机器人研究设计

创新工程实践中，需要创新理论进行指导，同时也需要能够结合工作岗位需求进行产品的设计。目前工业自动化是各个主要工业国家发展的重要战略，对于提升生产效率，提升智能化水平具有重要的意义。本案例通过对制造类企业的生产过程自动化改造，设计了能够对电子秤进行自动校重的机器人，在结构原理、应用等方面都具有一定的创新意义。通过案例的学习能够掌握创新工程设计产品设计的流程，并为大学生参加科创类竞赛提供指导。

7.1 项目背景

7.1.1 工业自动化的发展

目前世界主流国家都对工业自动化提出了发展战略，其中典型的有美国的工业互联网、德国的工业4.0与中国提出的中国制造2025。随着工业自动化的推广，新的工业革命到来，工业的生产效率得到了极大地提升。

（1）工业互联网

工业互联网由美国通用电气（GE）首次提出，目前在全球的工业发展中具有重要的地位。工业互联网是全球工业系统与高级计算、分析、感应技术以及互联网连接融合的结果。它通过智能机器间的连接并最终将人机连接，结合软件和大数据分析，重构全球工业、激发生产力，让世界更美好、更快速、更安全、更清洁且更经济。GE将在中国扩展其数字联盟项目，帮助扩大工业互联网的覆盖面。从为GE服务开始，工业互联网云平台Predix也逐步走向了商业化。工业互联网将整合两大革命性转变之优势：其一是工业革命，伴随着工业革命，出现了无数台机器、设备、机组和工作站；其二则是更为强大的网络革命，在其影响之下，计算、信息与通信系统应运而生并不断发展。事实上，工业互联网的概念国内一直都有，而非仅仅是GE的舶来品。工业互联网的架构如图7-1所示。

工业互联网的实质首先是全面互联，在全面互联的基础上，通过数据流动和分析，形成智能化变革，形成新的模式和新的业态。互联是基础，工业互联网是工业系统的各

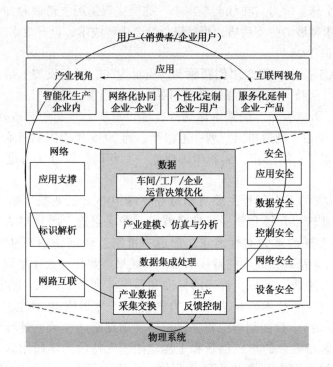

图 7-1　工业互联网架构

种元素互联起来，无论是机器、人，还是系统，互联解决了通信的基本，更重要的是数据端到端的流动，跨系统的流动，在数据流动技术上充分分析、建模。伯特认为智能化生产、网络化协同、个性化定制、服务化延伸是在互联的基础上，通过数据流动和分析，形成新的模式和新的业态。这是工业互联网的机理，比现在的互联网更强调数据，更强调充分的连接，更强调数据的流动和集成以及分析和建模，这和互联网是有所不同的。工业互联网的本质是要有数据的流动和分析。

（2）工业 4.0

工业 4.0 是由德国政府《德国 2020 高技术战略》中所提出的十大未来项目之一。该项目由德国联邦教育局及研究部和联邦经济技术部联合资助，投资预计达 2 亿欧元，旨在提升制造业的智能化水平，建立具有适应性、资源效率及基因工程学的智慧工厂，在商业流程及价值流程中整合客户及商业伙伴。德国政府提出"工业 4.0"战略，并在 2013 年 4 月的汉诺威工业博览会上正式推出，其目的是为了提高德国工业的竞争力，在新一轮工业革命中占领先机。该战略已经得到德国科研机构和产业界的广泛认同，弗劳恩霍夫协会将在其下属 6～7 个生产领域的研究所引入工业 4.0 概念，西门子公司已经开始将这一概念引入其工业软件开发和生产控制系统。德国制造业是世界上最具竞争力的制造业之一，在全球制造装备领域拥有领头羊的地位。这在很大程度上源于德国专注于创新工业科技产品的科研和开发，以及对复杂工业过程的管理。

德国拥有强大的设备和车间制造工业，在世界信息技术领域拥有很高的能力水平，在嵌入式系统和自动化工程方面也有很专业的技术，这些因素共同奠定了德国在制造工程工业上的领军地位。通过工业 4.0 战略的实施，将使德国成为新一代工业生产技术（即信息物理系统）的供应国和主导市场，会使德国在继续保持国内制造业发展的前提下再次提升它的全球竞争力。在社会根本上，德国完善的民主法制和知识产权保护是保障德国制造业健康发展的坚实后盾，更是降低社会生产成本、提升效率的真正利器。

（3）中国制造2025

中国制造2025提出，坚持"创新驱动、质量为先、绿色发展、结构优化、人才为本"的基本方针，坚持"市场主导、政府引导，立足当前、着眼长远，整体推进、重点突破，自主发展、开放合作"的基本原则，通过"三步走"实现制造强国的战略目标：第一步，到2025年迈入制造强国行列；第二步，到2035年中国制造业整体达到世界制造强国阵营中等水平；第三步，到新中国成立一百年时，综合实力进入世界制造强国前列。

中国制造2025的五大工程主要有制造业创新中心（工业技术研究基地）建设工程，围绕重点行业转型升级和新一代信息技术、智能制造、增材制造、新材料、生物医药等领域创新发展的重大共性需求，形成一批制造业创新中心（工业技术研究基地），重点开展行业基础和共性关键技术研发、成果产业化、人才培训等工作。制定完善制造业创新中心遴选、考核、管理的标准和程序。到2020年，重点形成15家左右制造业创新中心（工业技术研究基地），力争到2025年形成40家左右制造业创新中心（工业技术研究基地）。智能制造工程，紧密围绕重点制造领域关键环节，开展新一代信息技术与制造装备融合的集成创新和工程应用。支持政产学研用联合攻关，开发智能产品和自主可控的智能装置并实现产业化。依托优势企业，紧扣关键工序智能化、关键岗位机器人替代、生产过程智能优化控制、供应链优化，建设重点领域智能工厂或数字化车间。在基础条件好、需求迫切的重点地区、行业和企业中，分类实施流程制造、离散制造、智能装备和产品、新业态新模式、智能化管理、智能化服务等试点示范及应用推广。建立智能制造标准体系和信息安全保障系统，搭建智能制造网络系统平台。到2020年，制造业重点领域智能化水平显著提升，试点示范项目运营成本降低30%，产品生产周期缩短30%，不良品率降低30%。到2025年，制造业重点领域全面实现智能化，试点示范项目运营成本降低50%，产品生产周期缩短50%，不良品率降低50%。工业强基工程，开展示范应用，建立奖励和风险补偿机制，支持核心基础零部件（元器件）、先进基础工艺、关键基础材料的首批次或跨领域应用。组织重点突破，针对重大工程和重点装备的关键技术和产品急需，支持优势企业开展政产学研用联合攻关，突破关键基础材料、核心基础零部件的工程化、产业化瓶颈。强化平台支撑，布局和组建一批"四基"研究中心，创建一批公共服务平台，完善重点产业技术基础体系。到2020年，40%的核心基础零部件、关键基础材料实现自主保障，受制于人的局面逐步缓解，航天装备、通信装备、发电与输变电设备、工程机械、轨道交通装备、家用电器等产业急需的核心基础零部件（元器件）和关键基础材料的先进制造工艺得到推广应用。到2025年，70%的核心基础零部件、关键基础材料实现自主保障，80种标志性先进工艺得到推广应用，部分达到国际领先水平，建成较为完善的产业技术基础服务体系，逐步形成整机牵引和基础支撑协调互动的产业创新发展格局。绿色制造工程，组织实施传统制造业能效提升、清洁生产、节水治污、循环利用等专项技术改造。开展重大节能环保、资源综合利用、再制造、低碳技术产业化示范。实施重点区域、流域、行业清洁生产水平提升计划，扎实推进大气、水、土壤污染源头防治专项。制定绿色产品、绿色工厂、绿色园区、绿色企业标准体系，开展绿色评价。

到 2020 年，建成千家绿色示范工厂和百家绿色示范园区，部分重化工行业能源资源消耗出现拐点，重点行业主要污染物排放强度下降 20%。到 2025 年，制造业绿色发展和主要产品单耗达到世界先进水平，绿色制造体系基本建立。高端装备创新工程，组织实施大型飞机、航空发动机及燃气轮机、民用航天、智能绿色列车、节能与新能源汽车、海洋工程装备及高技术船舶、智能电网成套装备、高档数控机床、核电装备、高端诊疗设备等一批创新和产业化专项、重大工程。开发一批标志性、带动性强的重点产品和重大装备，提升自主设计水平和系统集成能力，突破共性关键技术与工程化、产业化瓶颈，组织开展应用试点和示范，提高创新发展能力和国际竞争力，抢占竞争制高点。到 2020 年，上述领域实现自主研制及应用。到 2025 年，自主知识产权高端装备市场占有率大幅提升，核心技术对外依存度明显下降，基础配套能力显著增强，重要领域装备达到国际领先水平。中国制造 2025 重点关注的 10 大领域如图 7-2 所示。

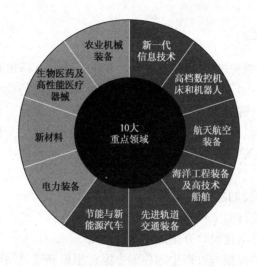

图 7-2　中国制造 2025 重点关注的 10 大领域

7.1.2　基于三轴运动控制器的校重机器人设计背景

目前工业自动化改造对于降低企业的劳动力成本，提升企业的生产效率都具有不可或缺的重要意义。全球主要国家都针对工业自动化与智能化提出了设想，如美国的工业互联网与德国的工业 4.0，我国则提出了中国制造 2025 的概念。但是目前国内的部分中小型企业由于技术与资金的问题，仍然广泛采用传统的手工为主的流水线进行生产。我们在可瑞尔科技（扬州）有限公司实习期间发现，公司主营产品电子秤在出厂之前都需要进行校重，其方案就是由人工将不同质量的 5 个砝码（1~25kg）在秤体的五个不同位置（中心点与四个角）进行测试，验证秤体的准确度。长期搬运砝码进行校重，工人劳动强度较大，同时也存在着效率低下等方面的现实问题，因此在企业工程师的协助下，在指导老师的指导下，我们计划实现对电子秤校重的自动化改装。这是对公司生产线自动化改装的一个重要环节，也可以为生产线的其他工作自动化改装提供重要的参考。本课题合作与产品应用企业可瑞尔科技（扬州）有限公司如图 7-3 所示。

图 7-3　项目来源企业

7.2　项目创新分析

7.2.1　主要研究内容

电子秤是目前较为常见的电子衡器之一，可瑞尔科技（扬州）有限公司专业从事电子秤的生产，电子秤在出厂的时候要能够完成精度与准确度的检测。根据检测的标准需要用 1～25kg 的五个不同砝码在秤体的中心点以及四个角进行五点测试，测试在标准砝码作用下电子秤的读数是否在误差的允许范围内。因此设计一个校重机器人替代人工劳动就要能够按照这样的流程进行砝码的顺序自动抓取，每个砝码自动完成五个不同点测试，在完成所有的测试之后，要能够自动恢复到原始状态，继续进行下一个电子秤的测试。完成产品设计所需要的功能主要有以下几个方面。

① 现场调研人工进行电子秤校重的工作流程，并进行工艺研究。

② 根据流程进行自动化设计方案的选择与确定。

③ 研究三轴控制器在校重过程中的控制方案，根据路径规划确定控制方法。

④ 研究校重过程中执行机构的组成与性能提升方案。

⑤ 完成产品的控制软件的编写与系统的调试。

7.2.2　项目创新点分析

基于三轴运动控制器的校重机器人项目的创新分析主要是从基于三轴运动控制器的校重机器人的性能指标、控制方案，以及工作效果等方面进行。

（1）创新点选择原则

创新点是主要技术内容的高度浓缩和提炼，是指项目实现技术指标先进性的技术措施和途径。创新类别包括：理论创新、应用创新、技术创新、工艺创新、结构创新、产品性能及使用效果的显著变化等，可以多选，按创新点分条目描述创新内容。技术创新需说明目前一般采用什么技术，申报项目对什么技术进行了创新，需进行新旧技术的对比。结构创新、工艺创新需进行新旧结构或工艺对比，并画出新旧结构图和工艺流程图（请用图片格式上传，一般为 JPG 格式，不要太大）。应用创新是指对于电子信息产品（特别是软件产品）的创新，主要是通过集成现有技术，提出一个新的解决方案，因此更多的是一种应用创新，是高新技术的使用化。

创新点不要太多，选1~3点即可，最多不要超过5点。要用技术语言、陈述语言描述，尽可能多用实验数据；不要采用商业语言、评价语言。不要把项目技术指标的先进性作为创新点。要说明项目技术在本行业领域中的创新程度，主要是新颖性与独创性，要说明是开创性的、是综合技术的集成、是技术延展还是应用的领域的开拓等。技术水平处于国内同行业前三名的可视为国内领先，需要对比。技术含量指项目本身的技术含量高低，包括项目本身技术的复杂程度、技术的依赖程度、研究与开发费用的投入多少等。项目技术先进性（含量）要有数据分析、对比。

（2）选择创新点

根据以上的创新点选取原则，校重机器人与同类产品相比较，本项目具有的创新点有以下几个方面。

① 控制器选择。校重机器人研究设计的控制器件对于整体的控制性能具有重要的影响。可以选择的控制器主要有单片机、PLC与三轴运动控制器等。单片机的驱动能力较低，同时单片机的I/O口较少，在校重机器人产品开发中，单片机的控制功能不能完全满足控制的需求，需要增加较多的驱动电路，这样电路的可靠性会降低，复杂度会提升，不满足工程化产品设计的需求。PLC具有强大的控制功能，能够满足校重机器人在运动以及砝码抓取等方面的控制功能，但是PLC的价格较高，不能满足企业大规模改造的需求。同时PLC的控制程序编写对专业能力的要求较高，设计难度较大。三轴控制器结合了运动控制器件与PLC的优势，在对伺服电机控制的基础上形成在 X、Y、Z 三个方向的移动控制方面具有显著的优势。同时三轴控制器的价格较低，并具有与伺服电机的预留接口，控制器本身集成了PLC的功能，支持PLC梯形图等编辑功能，也具有自身图形化编程界面，有效降低了开发的难度。因此，项目的第一个创新点就是选用了性价比较高的三轴控制器作为产品的主控单元。

② 产品功能的创新。校重机器人属于非标设备、定制设备，产品的功能满足了实际工业生产的要求，有效降低了人力劳动强度，提升了生产效率。在进行不同类型电子衡器校重的时候，可以在线进行程序的修改，按照电子衡器的调试工艺工作。

③ 抓取方案。校重机器人在进行不同质量砝码抓取的时候，采用了先进的电子吸盘。吸盘工作稳定可靠，可以实现40kg以内砝码的有效抓取，适应了校重机器人的工作要求。

7.3 基于三轴运动控制器的校重机器人申报与评奖实践

7.3.1 作品申报流程

目前江苏省大学生机器人大赛、全国大学生发明杯大赛、挑战杯竞赛以及互联网＋等多个竞赛都采用的网上评审＋现场评审的方案进行。首先是网上评审材料的准备，一般包含项目申报书、项目研究报告、项目佐证材料等；其次是现场评审，一般是PPT汇报、实物展示（实物不方便运输展示的可以用视频）、现场答辩等环节。网络评审是专家对作品的最直接、最初的了解，因此要充分重视这个环节，保证申报材料的质量。在现场评审中，参赛队伍最为重要的是对产品实际工程使用的总结与创新点的凝练，同时产品的商业推广价值也是极为重要的。

7.3.2 校重机器人申报材料的撰写

（1）申报材料撰写规范与要求

创新类竞赛的科技类竞赛撰写材料具有一定的规范与要求，首先是撰写的规范性，目前部分创新类竞赛会提供撰写的目录与模版，部分竞赛则没有。总结分析一般的科创类竞赛的撰写目录主要有以下几个方面。

① 研究背景与意义。研究背景一般要阐述项目的政策、市场应用与发展现状、发展趋势等方面的内容。从理论创新与实践应用的角度分析项目产品研究的意义，对生产、生活产生的价值，对研究领域的研究方法、研究思路等方面的创新。如案例7-1所示。

📚 **案例7-1　"无人机自主着落控制"的研究背景**

本研究课题来源于中国科学院三期知识创新工程重要方向项目及中国科学院国防科技创新重点部署项目——"小型隐身无人机总体技术"。无人机（UAV）是无人驾驶飞行器（Unmanned Aerial Vehicle）的简称，它既可以利用无线电遥控设备进行手摇操纵飞行，也可以利用机载计算机与导航设备进行自主飞行。世界上第一架无人机于1917年3月在英国皇家飞行训练学校进行试飞，两次飞行试验均因发动机熄火而导致飞机坠毁。20世纪50年代以后，无人机的发展有了较大的进步，早期的无人机是作为试验靶机进行研制并使用的，之后，美国、以色列等一些国家又相继研究了无人侦察机和无人直升机。20世纪70~80年代的中东战争，小型无人侦察机崭露头角，而20世纪90年代的海湾战争和科索沃战争，则是小型无人侦察机大量使用和中空长航时无人机初露锋芒的时候。21世纪初的阿富汗战争，美国首次使用了能够深入战区，并执行攻击任务的"捕食者"无人机，首次实现了无人机发射导弹对地面攻击的实战演练，并取得了辉煌的战果，举世瞩目。如今，世界各国均在努力发展无人机产业，无人机也呈现出样式繁多，用途广泛的趋势。在民用方面，无人机可用于勘探测绘、森林防火、场区监控、灾区查探、公路巡视、电力线路巡查等。在军事方面，无人机可作为空中侦察平台和武器平台，通过携带不同的载荷，执行侦察监视、通信中继、电子干扰、目标定位、对敌攻击、损伤评估等任务。因此，无人机在当今的民用和军事领域都具有广阔的应用前景。无人机的工作过程可分为发射、任务飞行和回收三个阶段。无人机发射和飞行技术的发展已相对成熟。无人机发射方式主要包括重量小于10kg的小型无人机手抛发射、滑轨弹射和垂直发射，重量在10~800kg之间的中型无人机滑轨发射、垂直发射、空中发射、发射车发射、滑跑起飞发射，重量大于800kg的大型无人机滑跑发射和火箭发射等。无人机发射方式多种多样，但无人机发射技术相对简单，过程可靠。无人机回收方式包括小型无人机的气垫回收、拦截网回收，中型无人机的拦截网回收、降落伞回收、空中回收和着陆滑跑回收，大型无人机的着陆滑跑回收和海中降落回收等。而针对中型和大型无人机，采用起落架机轮进行滑跑起飞发射和着陆回收是其主要发展方向，而轮式无人机的着陆过程是无人机整个飞行过程中最复杂且事故发生率最高的阶段。因此，无人机能够安全精准地完成自主着陆回收成为无人机技术发展的难点。

本课题从以上问题出发，以中科院长春光机所自主研制的无人机为平台，对其自主着陆过程进行剖析，从动力学建模、飞行性能分析、自主着陆策略制定及航迹规划、自主着陆控制器设计、系统数字仿真和半物理试验等方面展开了具体的研究。

② 课题研究现状。即简述或综述别人在本研究领域或相关课题研究中做了什么，做得如何，有哪些问题解决了，哪些尚未解决，以便为自己开展课题研究提供一个背景和起点。也有利于自己课题找到突破口和创新处。如果说格式的话，基本上就是先梳理一下相关研究及其成果，注意最好是条理化、分门别类，这本身就是一项研究。分类是最基础性的研究工作。然后对这些研究和成果进行评论，找出共同点、不同点、优点、缺点，最后做一个总结。如案例 7-2 所示。

📚 案例 7-2 "液压四足机器人"的研究现状

目前国内外对四足机器人都进行了较多的研究，国外如美国、日本、瑞典的机器人等，国内先后有清华大学、哈尔滨工业大学、西北工业大学、上海交通大学和香港中文大学等多家单位研制了不同形式的四足机器人并取得了一定的成果。

其次是对课题研究中的相关技术发展现状进行分析。四足机器人通常有电驱动、气动驱动和液压驱动三种方式。电驱动装置由于具有成熟的技术和低廉的价格，是机器人领域最常用的驱动方式，但是它的很多部件都容易磨损，具有较小的功率密度比。基于电驱动方式构造的四足机器人一般负载较小，或者基本无负载能力。气动装置除了采用压缩空气来取代液压油来提供压力外，其他和液压驱动装置完全相似。气动系统的响应速度很快，但是空气的可压缩性也意味着系统不可能实现对位置的精确控制。液压驱动装置是通过在高压状态下，利用密封液体的压力进行驱动的机械系统，从而使得液压驱动装置具有很高的功率密度比、高带宽、快速响应和一定程度上的柔顺性等特性。液压驱动装置非常适合用于大功率应用场合。

综上所述，为了提高四足机器人的高动态特性、大负载能力和强环境适应性，随着液压驱动技术的进步，液驱动方式已逐渐地应用于四足机器人平台的研发。

四足机器人的拓扑结构主要是指机器人腿结构的布局和形状以及腿结构与身体的配置方式等。国内外学者对四足机器人的机构设计，特别是腿机构做了大量的工作。机器人腿结构一般可分为开链式和闭链式两大类。开链式腿机构具有较大的工作空间和简单的结构，在运动过程中具有较强的姿态修复能力。不足之处在于负载能力有限、协调控制难度较大。机器人的闭链式机构一般有四连杆机构、缩放式机构和摆动伸缩式机构，该种机器人腿机构具有承载力大、功耗小的特点，但是其工作空间较小。为了提高机器人的动态特性和环境适应性，本课题研究有链式机构的四足机器人拓扑结构。

③ 创新点的提炼。创新点是项目有效性的重要方面，也是专家对项目评审的重要依据。项目创新点要科学、凝练，要能够用简洁的语言对项目的创新特性进行描述。如案例 7-3 所示。

📚 案例 7-3 "基于三轴控制器的校重机器人"项目的创新点

作品采用自动控制技术完成了对于强度较大人力劳动的代替，有效提升了生产效率，提升了产品的经济效益。自动砝码校重机器人借鉴了目前工业自动化、智能化的设计思路，以先进的 PLC 控制技术，实现了公司实际生产过程的自动化设计。自动砝码校重机器人属于非标设计，完全根据公司生产的需求进行，同时自动砝码校重机器人对于砝码的抓取方式采用了电磁铁的方式，并根据砝码的重量进行智能电流大小控制，在砝码放置的时候，采取智能电流减小的方式，有效降低了对秤体的冲击。

④ 作品市场推广与应用价值。市场价值是指生产部门所耗费的社会必要劳动时间形成的商品的社会价值。市场价值是指一项资产在交易市场上的价格，它是买卖双方竞价后产生的双方都能接受的价格。推广价值是指科研成果在国民经济和生产建设中的实际应用价值、范围以及应用前景。如案例 7-4 所示。

案例 7-4 "便携式多用途润滑摩擦特性测量分析仪的研制" 的市场推广与应用价值

本作品具有 SAE No. 2 试验台架的功能，满足 SAE J286 规格和 JASOM 348—2002 规格，能够检测汽车、摩托车等的湿式离合器、同步环、ATF 润滑油等对象的摩擦系数，可推广应用于以下领域。如图 7-4 ~ 图 7-6 所示。

① 汽车领域。

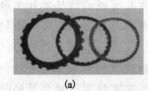 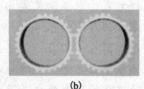

(a)   (b)

图 7-4　汽车领域

② 工程机械及载重车领域。

(a)   (b)

图 7-5　工程机械及载重车领域

③ 机床设备电磁离合/制动器领域。

 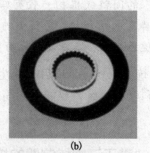

(a)   (b)

图 7-6　机床设备电磁离合/制动器领域

摩擦磨损与人们的生活息息相关，摩擦试验机应用领域非常广泛。对于润滑技术在国民经济中的作用，业内人士一致认为：在气候变化成为全球挑战的情况下，如何减少因摩擦而产生的能量损耗已成为国际社会关注的重点。国际权威机构测算，世界一次性能源的 30%~50% 消耗在摩擦损失上，机械设备损坏和失效约 60% 是摩擦磨损造成（如图7-7 所示），造成的损失相当于 GDP 的 2%。就汽车行业而言，汽车消耗的燃料占我国燃料消耗总量的40%左右，应用先进润滑技术可以节约汽油500万吨，载货车可节约近900万吨的柴油，占我国燃料消耗总量的10%左右。欧美发达国家因摩擦磨损造成的损失占其国民生产总值的2%~7%，如果正确运用摩擦学知识，促使节能降耗，估计可节省人民币3270亿元。我国如果全面推广应用先进润滑技术，可直接节能5%~15%，它产生的综合效益是其直接节能效益的100倍以上，节约能耗的价值相当于我国GDP再增加5万亿元。

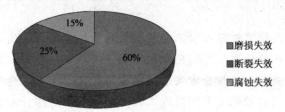

图7-7 不同摩擦损耗的占比

目前，我国的经济发展模式粗放，浪费严重，节约的潜力远远高于欧美发达国家。随着我国先进润滑技术的应用，以及摩擦磨损研究的深入，我国市场需要大量的摩擦磨损试验机，本产品将带来巨大的社会效益。据统计，2015年我国摩擦试验台架/仪器需求量将到达17万台，试验台架平均售价350万元左右。本仪器预期售价为30万元/台，按已达成合作意向的北方车辆研究所与丰田集团爱信齿轮有限公司需求量预计，本产品销售量可达1000台，可实现经济收益3亿元，可为企业节省采购成本32亿元，为企业经济发展创造新的增长点。

近年，我国试验机行业在技术创新研发上虽取得了一定突破，但就实际应用而言，仍存在诸多不足：产品的稳定性、可靠性、伺服阀、作动器、控制器等关键技术还需要进一步的提升，高端摩擦磨损试验机仍然依赖进口。据悉，试验机试验对象将会从材料、零部件扩展到整机、整车、系统、重大设备和各类工程项目，这就意味着试验机的模块化、系列化、共用化、智能化等多方向发展的试验机产品将成为试验机需求市场的主要消费目标。本作品代表摩擦试验机的发展方向，性价比高，为具有SAEJ286规格试验的边界摩擦试验分析仪，属高回报率产品，预计投资回报周期在2年以内。

目前，本项目已获实用新型专利权3项，已公示发明专利2项，已发表论文3篇，已获软件著作权1项。样机如图7-8所示，本项目的成功研发，将打破国外的厂商在此领域的长期垄断状况，缩小我国汽车工业在关键零部件研发方面与国外的差距，因此本仪器的产业化前景非常看好。

图7-8 作品样机

⑤ 产品的工作概述。要能够从产品的总体设计、具体的结构设计、电路设计、软件设计等方面对产品的工作原理、特性进行详细分析，重点阐述。这是整个申报材料的核心部分，对评审专家了解产品具有决定性的影响。如案例7-5所示。

案例7-5　"基于三轴控制器的校重机器人"　项目申报材料——产品概述

设计总结

基于三轴控制器的校重机器人以三轴控制器作为控制单元，使用电子吸盘完成了对电子秤校正过程中砝码的抓取，用伺服电机实现了对砝码的搬移。产品针对目前企业的实际需求，替代了传统的人工作业方案。论文分析了目前企业在进行电子秤校重过程的实际需求，总结出应用自动化方案实现人工作业的流程与思路，分析了校重机器人的本体设计与控制思路。产品替代了实际生产过程中的人工劳动，有效提升了生产效率，同时为生产线其他工作岗位的自动化改造提供了必要的经验，因此产品具有较大的理论意义与实践应用价值。

展望

产品需要进一步提升智能化效果，要能够通过物联网技术将电子秤校重的信息进行收集与处理；同时要能够增加产品的控制方案中进行误差控制与突发事件的自动处理。

功能展示

校重机器人功能展示如图7-9～图7-15所示。

图7-9　校重机器人机械执行部分

图7-10　校重机器人控制电路部分

图7-11　校重机器人机械归零

图7-12　校重机器人抓取砝码

图 7-13 校重机器人放置砝码

图 7-14 取回砝码

(a)

(b)

(c)

(d)

图 7-15 2.5kg 砝码在不同点的测试效果

在申报书的撰写过程中，要能够多用现场工作的图片完成展示，这样方便专家进行评审，快速了解作品的功能与创新水平。过多的文字与专业性术语不利于专家的评审。

⑥参考文献。参考文献是进行科创类项目研究必要的要素，在项目申报过程中要能够根据项目的研究要求阅读必要的参考文献，以了解本领域的研究现状以及取得的成果，将研究现状进行总结分析，确定项目的研究内容、意义、创新点以及解决的实际问题。为了保证项目研究的意义与创新价值，参考文献要能够选择较新的文献，一般要求最近 3～5 年的文献，同时参考文献要能够反映本领域研究的重点以及最新成果。要能够合理参考外文文献，在参考文献中要有期刊、教材、学位论文、会议论文等不同的类型，并进行规范标注。按照标准，［J］表示期刊论文，［D］表示学位论文，［M］表示教材，［A］代表会议论文。如案例 7-6 所示。

案例 7-6　基于三轴运动控制器的校重机器人参考文献

［1］王丽梅，李兵. 基于速度场与反馈线性化的直接驱动 XY 平台轮廓控制［J］. 电工技术学报. 2014（05）.

［2］赵欢，朱利民，丁汉. 基于高精度轮廓误差估计的交叉耦合控制［J］. 机械工程学报. 2014（03）.

［3］摆玉龙，杨利君，柴乾隆. 基于系统辨识的模型参考自适应控制［J］. 自动化与仪器仪表. 2011（03）.

［4］刘宜，丛爽. 基于工作坐标系的最优轮廓控制及其仿真［J］. 系统仿真学报. 2009（11）.

［5］左健民，潘超，汪木兰. 基于 CMAC 的永磁直线同步电动机控制与仿真［J］. 制造业自动化. 2014（01）.

［6］董文瀚，孙秀霞，林岩，宋鸿飞. 一类直接模型参考 Backstepping 自适应控制［J］. 控制与决策. 2008（09）.

［7］张礼兵. 数控系统运动平稳性和轮廓精度控制技术研究［D］. 南京：南京航空航天大学，2013.

［8］武志涛. 直接驱动 X-Y 数控平台轮廓跟踪控制策略研究［D］. 沈阳：沈阳工业大学，2012.

［9］孙建仁. CNC 系统运动平滑处理与轮廓误差研究［D］. 兰州：兰州理工大学，2015.

［10］胡楚雄. 基于全局任务坐标系的精密轮廓运动控制研究［D］. 杭州：浙江大学，2015.

［11］Zhou Jicheng, Ahang Lixun, Wang Anmin, Liu Qinghe. Control Strategy of the Synchrodrive Electrohydraulic Servo System. Proceedings of the and International Symposium on Fluid Power Transmission and Control. 2015.

［12］Wang Zhe, Guo Qingding. Permanent Magnet Synchronous Motor system based on identification compensation technique. Sixth International Conference on Electrical Machines and Systems（ICEMS 2003）. 2013.

［13］Alain Cassat, Christophe Espanet, Nicolas Wavre. BLDC Motor Stator and Rotor Iron

Losses and Thermal Behavior Based on Lumped Schemes and 3-D FEM Analysis. IEEE Transactions on Industry Applications. 2014.

[14] Ch. S. Atchiraju, T. Nagraja. A computer Software for PID tuning by new frequency domain design method. Computers and Electrical Engineering. 2013.

[15] El-Sharkawi M A. Development and Implementation of High Performance Variable Structure Tracking control for BrushlessMotors. IEEE Transactions onEnergy Conversion. 2015.

（2）附件证明材料的准备

创新类项目除了申报的申报书与研究报告外，还需要准备各种附件材料，附件材料主要包含相关专利证书、技术合作合同、查新报告、检测报告、媒体报道等。附件材料是产品性能与价值的重要佐证，在申报的时候需要进行认真准备，同时也说明一个有成果的项目需要经过长期的准备与沉淀，希望同学们进行申报的时候要能够提前做好相关的准备工作。

附件材料中的专利证书示例如图 7-16 所示。

科技查新报告是由大学图书馆、科技服务中心等部门设置的科技查新站对产品的创新点进行检测的报告，对产品的创新点的证明具有法律效应。目前在项目申报中，查新报告显得尤为重要，需要提醒的是查新报告的流程需要 2 周左右的时间，因此在项目申报中要能够提前准备。科技查新报告示例如图 7-17 所示。

图 7-16　专利证书

性能检测报告是第三方（尤其是具有公信力的政府质量检测中心等部门）出具的关于产品相关技术性能的文件，性能检测报告在项目中能够获得专家的认可，也使得对产品性能指标的描述更具有科学性与可信性。检测报告示例如图 7-18 所示。

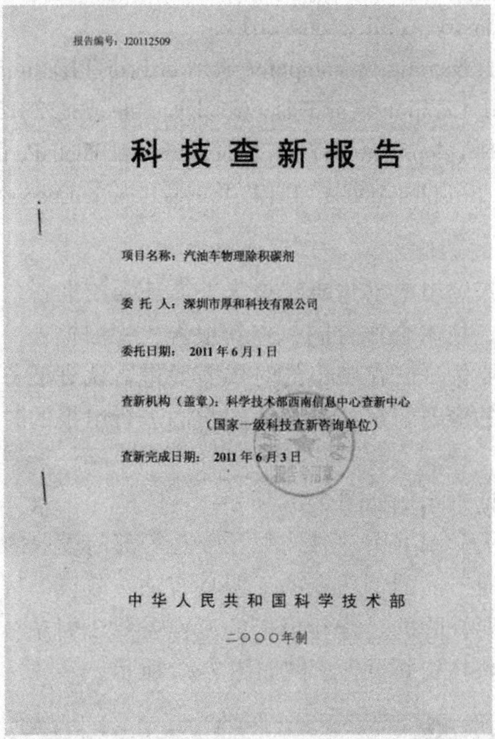

报告编号：J20112509

科技查新报告

项目名称：汽油车物理除积碳剂

委 托 人：深圳市厚和科技有限公司

委托日期： 2011 年 6 月 1 日

查新机构（盖章）：科学技术部西南信息中心查新中心
（国家一级科技查新咨询单位）

查新完成日期： 2011 年 6 月 3 日

中 华 人 民 共 和 国 科 学 技 术 部

二〇〇〇年制

图 7-17　科技查新报告示例

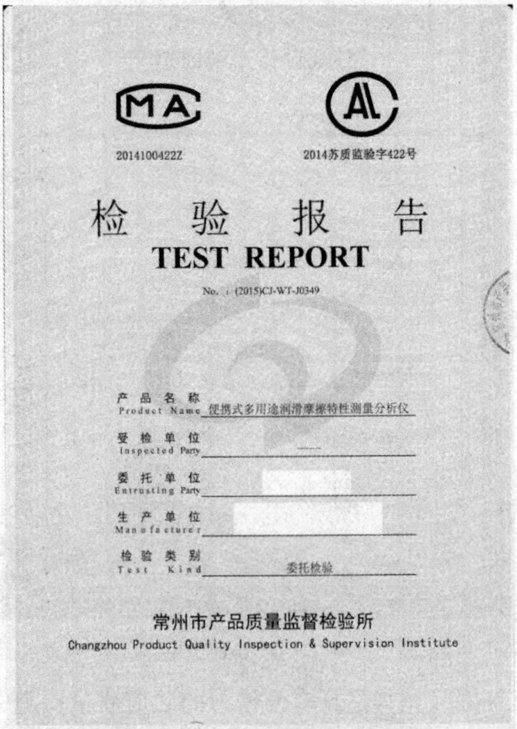

2014100422Z　　2014苏质监验字422号

检　验　报　告
TEST REPORT

No. ：(2015)CJ-WT-J0349

产品名称 Product Name：便携式多用途润滑摩擦特性测量分析仪

受检单位 Inspected Party：

委托单位 Entrusting Party：

生产单位 Manufacturer：

检验类别 Test Kind：委托检验

常州市产品质量监督检验所
Changzhou Product Quality Inspection & Supervision Institute

图 7-18　检测报告示例

用户使用报告是客户对项目产品使用的鉴定文本，具有一定规模的企事业单位的使用报告对于产品性能以及市场价值具有较大的佐证作用。能够真实反映产品的应用价值，在客户使用报告中要出具部分在本领域具有代表性的企业的报告，增加可信度。用户使用报告示例如图7-19所示。

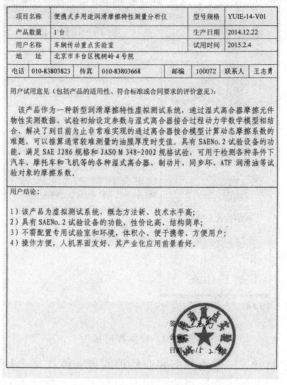

图7-19　用户检测报告示例

媒体报道反映了项目在社会以及行业内的影响，全国性媒体或者其他大型媒体的报道能够在一定程度上反映项目的成果的价值。因此对于申报的项目要能够根据实际情况主动邀请媒体进行关注，形成一定的媒体效应。媒体报道示例如图7-20所示。

另外，与企业的技术合作合同、技术转让协议、专家的推荐信等都可以作为项目申报的重要佐证材料，增强项目的竞争力。在此需要提醒的是，项目申报是一个积累的过程，需要在前期不断进行总结，不断取得阶段性的成果，在项目申报与评奖过程中才会有所收获。

7.3.3　项目评奖

在评审现场一般需要进行以下几个方面的准备工作，首先最为重要的就是作品介绍与现场答辩，其次是汇报过程中需要的PPT、图片、视频等资料的准备，最后就是答辩过程中相关流程的熟悉与礼仪规范等方面的内容。

（1）现场评审资料的准备

现场评审的资料主要是汇报PPT、产品工作视频、实际产品、产品工作图片等。其中PPT的作用尤为关键，汇报PPT是选手进行汇报的提纲，同时也是专家进一步了解产品的重要途径。PPT首先是要美观，符合产品所在的领域的特征以及审美的要求，美观

图 7-20　媒体报道示例

规范的 PPT 是团队项目开发一丝不苟的职业精神的重要体现之一，同时 PPT 要求能够满足讲解时间的需求，一般创新类竞赛的汇报时间为 5～10 分钟之间，要能够清晰表达项目创新的各个方面，如研究意义、作品介绍、关键技术、应用价值、创新性等方面的内容。项目汇报 PPT 目录示例如图 7-21 所示。

图 7-21　汇报 PPT 目录示例

项目申报中的产品工作视频、图片要能够完整反映产品在各个工作阶段的状态，同时最好在现场过程中做成展板，方便评委以及观众对产品有快速的了解。本章讲解的基于三轴运动控制器的所有申报材料（含图片、视频等）都在课程配套的在线开放课程具有响应的资源，有需要的同学可以访问课程，获取相应的资料。

（2）现场评审资料的准备

在答辩之前需要做充分的准备，首先要进行合理的分工，答辩主要是对产品的现场介绍以及讲解，同时要能够回答评委所提出的相关问题。首先答辩的同学要能够对产品具有充分的了解，对产品的工作原理、性能指标、特性、创新以及实践应用价值等都要有准确的把握，同时还要能够充分了解答辩的流程，用精练的语言准确回答评审专家的问题。根据已经参与的竞赛经验分析，学校自己举行模拟答辩的次数一般不能少于20次，模拟答辩对于提升选手的应变能力具有显著的意义。最后，也是比较重要的就是文明礼仪与着装，竞赛是专业技能的较量，同时也是职业素养与综合能力的重要体现。在项目评审过程中得体的着装是对职业、项目竞赛的尊重，也是个人良好素质、形象的展示，会给评委留下较好的印象。

本章以实际创新项目——基于三轴运动控制器的自动校重机器人为例，分析了在工业智能化现代化背景下，进行机电类自动化非标产品设计与竞赛的过程。在讲解中首先分析了工业互联网、工业4.0、中国制造2025等国家创新战略，让同学能够了解本领域进行创新的背景以及相关政策；在此基础上从企业的实际需求出发，综合工业自动化要求以及所学习的知识进行基于三轴运动控制器的自动校重机器人的设计。以此为载体分析了设计的过程，创新点的分析与总结，同时提供了大量的真实案例，为大家进行文案撰写提供了参考示范。同时详细论述了大学生重要的科创类竞赛——江苏省大学机器人大赛的相关情况以及报名流程，以第七届江苏省大学生机器人大赛自主创新项的冠军获奖项目为例，详细论述了竞赛材料的准备工作以及参加现场评审的各个环节，对于大家进行创新产品设计以及竞赛都具有重要的参考与借鉴意义。更为重要的是本课程具有在线开放课程，本章的实际案例的所有完整资料可以通过在线课程网站获取，方便大家的学习。

任务与思考

1. 查新的流程是什么？科技查新有什么意义？
2. 在项目申报过程中，经常需要进行准备的有哪些证明材料？
3. 在在线课程网站完成对校重机器人项目书的下载与学习。
4. 进行团队分组，确定一个创新项目，并完成前期的准备工作。

第8章

创新实践案例——实验室安全管理系统的设计

创新工程实践中，创新项目需要能够满足国家的发展趋势，满足行业发展的需求。在申报过程中要能够抓住本领域的痛点，用实际的案例说明项目的实用价值，通过对比形成本产品所具有的优势。本章以基于IOT的智能实验室作为实际案例，系统阐述创新项目的申报整体流程以及其中的注意事项。

8.1 项目背景

8.1.1 项目背景撰写要求

在课题方案中，课题研究的背景通常是以"课题的提出"或"课题的背景"作提示进行阐述的，主要是介绍所研究课题的研究目的、意义，也就是为什么要研究，研究它有什么价值。研究背景一般应从三个层面来考虑，即第一个层面是从国际的大背景下宏观的政治经济的角度阐述，第二个层面是从国内相关领域方面的中观的角度来考虑，第三个层面是从本省、市、县、校的实际出发与课题直接相关的微观的角度来分析。如果课题不大，那么其研究的三个层面相应地递减，调整为本国、本省市、本县校。总体上说，研究的背景中主要应写明是在什么因素促成下研究的，为什么要对此进行研究。其中对本校的研究基础要分析得略为详尽一些，特别是对已经尝试过一段时间并已取得了一定成效的课题，更是应该把这些情况作为研究的背景来书写。同时为了方便课题评审者的阅读，在书写研究背景的时候，一是要做到分层分段要点明确，段首最好都要有个简短的中心句；二是各层意思之间要讲究逻辑的顺序，各意思不交叉重复；三是在最后部分尽量能点明本课题研究的特色及亮点，而且不妨借机界定一下题目中的概念。这样有针对性地陈述使人一看就觉得该课题的确有研究价值，科学性、实用性比较强。总的来说，写课题的背景及意义不能纯粹是为了写背景而写背景，东抄一些西摘一点大道理来糊弄，不要让人家觉得这个课题是空穴来风。

8.1.2 基于 IOT 的智能实验室安全管理系统的研究背景

实验教学是高校培养高素质人才，特别是理工科类人才的重要途径，并且随着教学方式和科研水平的不断发展，实验教学的重要性也在逐步加强，甚至在一定学科中改变了附属于理论教学的传统地位。因此加强实验室的管理与建设是高校提升教学能力的必要途径之一。传统的实验室管理主要以人工管理为主，依靠老师和管理人员的长时间监管保证实验教学的正常进行和实验室的日常运行。随着高校教育的不断普及，学生的增多使得这一传统的管理方式显得捉襟见肘。当前我国高等教育的资源并不是很丰富，高校实验室的实验设备相对于学生数量来说并不是很足，因此固定时间和地点的实验教学方式很难满足培养学生动手能力的需求。鉴于管理和教学的双重需求，实验室的开放性和智能化管理已经得到了越来越多学者和专家的关注与研究。

为了能够有效锻炼学生的实践技能，不断进行自我学习与专业探索，各个学校都陆续开始对学生进行实验室开放，鼓励学生进行自主实践创新，但是在方便的同时也存在不少安全隐患，为了能够让老师对实验室进行有效管理，实时了解实验室的状况，基于 IOT 的智能实验室安全管理系统的相关研究就是为了能够解决上述的问题。

8.2 研究现状

8.2.1 研究现状撰写要求

国内外研究现状，即文献综述，要以查阅文献为前提，所查阅的文献应与研究问题相关，但又不能过于局限。与问题无关则发散性太强；过于局限又违背了学科交叉、渗透原则，使视野狭隘，思维窒息。所谓综述的"综"即综合，综合某一学科领域在一定时期内的研究概况；"述"更多的并不是叙述，而是评述与述评，即要有作者自己的独特见解。要注重分析研究，善于发现问题，突出选题在当前研究中的位置、优势及突破点；要摒弃偏见，不引用与导师及本人观点相悖的观点是一个明显的错误。综述的对象，除观点外，还可以是材料与方法等。研究现状撰写案例如案例 8-1 和 8-2 所示。

（1）国内外研究现状的意义

通过写国内外研究现状，考查学生对自己课题目前研究范围和深度的理解与把握，间接考查学生是否阅读了一定的参考文献。这不仅是项目申报书撰写不可缺少的组成部分，而且是为了让学生了解相关领域理论研究前沿，从而开拓思路，在他人成果的基础上展开更加深入地研究，避免不必要的重复劳动或避免研究重复。

（2）国内外研究现状写法

在撰写之前，要先把从网络上和图书馆收集和阅读过的与所写项目申报书选题有关的专著和论文中的主要观点归类整理，找出课题的研究开始、发展和现在研究的主要方向，最重要的是对一些现行的研究主要观点进行概要阐述，并指明具有代表性的作者和其发表观点的年份。再者简单撰写国内外研究现状，评述研究的不足之处，可分技术不足和研究不足。即还有哪方面没有涉及，是否有研究空白，或者研究不深入，还有哪些理论或技术问题没有解决；或者在研究方法上还有什么缺陷等，最后简略介绍发展趋势。

（3）写国内外研究现状应注意的问题

① 注意写的是研究现状，而不是写课题本身现状，重要体现研究。例如，写算法的可视化研究现状，应该写有哪些专著或论文、哪位作者、有什么观点等；而不是大量算法的可视化研究何时产生、有哪些交易品种、如何演变。

② 要写最新研究成果和历史意义重大的成果研究，主要写最新成果。

③ 不要写得太少或写得太多。如果写得少，说明你查阅的材料少；如果太多，则说明你没有归纳，只是机械的罗列。一般 2~3 页纸即可。

④ 如果没有与项目申报书选题直接相关的文献，就选择一些与项目申报书选题比较靠近的内容来写。多从网络上找资料，学习和练习。

案例8-1 "基于 Zigbee 传感器网络的门禁系统设计" 的研究现状

国外的门禁系统发展较早，技术成熟，针对各种场景的应用解决方案也十分丰富，涉足门禁系统的厂商众多，如 Honeywell（霍尼韦尔）、Coson（科松）、Reformer（立方）等。同时，随着需求的变化，国外的门禁系统概念已由传统的控制出入向多元化服务发展。在韩国政府的大力推广下，该国地铁所使用的票务门禁系统可通过与手机进行"刷卡"操作进行计费，也可实现"刷卡"操作获取当前路线信息等服务。

国内的门禁系统发展也十分迅速，如清华紫光、深圳达实、海康威视等厂家产品在市场上占有率较高。同时，随着在智慧城市、物联网、移动互联理念与应用等在国内的发展，智慧交通、智慧社区、智慧医疗、移动支付为其中四大应用领域，门禁系统作为智慧交通、智慧社区建设的重要组成部分，未来将为其出入管理提供高品质的安全防护，同时门禁卡、手机卡也将汇集门禁管理、社区身份识别、交通卡、生活服务支付等功能于一卡，真正实现"城市一卡通"。所以，当前国内的门禁发展正处于政策发展的机遇期，实现传统门禁功能前提下，开辟符合政策发展导向的新型门禁系统已十分迫切，而门禁系统的概念随时代发展也具有新的解析和定位。

研究现状中要能够反映本领域最新研究趋势，一般要有国内研究现状、国外研究现状以及研究综述等三个方面。研究现状能对本身课题的研究情况有所了解，同时也是本课题研究的基础。有的时候也需要根据研究对象进行所涉及不同领域的研究现状分析。

案例8-2 "基于物联网的实验室管理系统设计" 的研究现状

物联网的研究现状：1991 年，美国麻省理工学院的 Kevin Ash-ton 教授首次提出了物联网这一概念。1999 年，还是由麻省理工学院提出万物皆可通过网络互连，进一步解释了物联网的含义。2003 年，传感器网络技术作为物联网技术之一，被列为 21 世纪最有影响的 21 项技术和改变世界的 10 大技术之一。2009 年，IBM 执行官首次提出"智慧地球"这一概念。

随着科研人员对物联网技术的深入研究和在社会各个领域的广泛应用，涉及智能家居、智能交通、智能医院、环境监控和工业监控等诸多领域，特别是物联网在智能家居领域的成熟应用，智能家居在欧美等发达国家已经得到广泛应用。物联网技术已经冲出实验研究阶段，形成了自己的商品产业链，在人们生活的各个方面，都能看到物联网技术的身影。

高校实验室管理现状：改革开放以来，为实施"科教兴国"的战略方针，国家和高校对高校实验室的建设和发展越来越重视。多年来，高校实验室在科学研究、人才培养和成果创新等方面取得丰硕的成果，为我国高等教育的发展产生了巨大的推动作用。虽然经过多年的发展，高校实验室在管理方面，相比较20世纪已经有了很大进步。但是，在高校实验室建设和发展的过程中，也暴露出了一些实验室管理的问题。我国高校实验室大部分还用传统的人工方式对实验室进行日常的人员管理和设备管理，在实验室安全和环境监测方面还没有实现自动化、信息化和智能化改革。有些高校已经开发了自己的实验室信息管理系统，在一定程度上实现了实验室信息化管理，但是这些现有的实验室信息管理系统主要的功能是对实验室的资源、设备和人员等进行管理，缺少对实验室设备的智能化控制和环境信息的自动化监控。

鉴于当前实验室管理所存在的问题，开发自动化、信息化和智能化的实验室管理平台已经迫在眉睫。随着物联网技术在智能管理系统的应用案例不断成功，把物联网技术应用到实验室管理系统中已经不是遥不可及。通过调研国内外有关物联网的研究文献发现，物联网技术在高校实验室管理方面虽然有一些研究案例，但都还处于研究阶段。例如，麻省理工学院的电子研究实验室开发的利用RFID技术跟踪管理文件，加州理工开发的基于无线传感器技术的安防系统等。我国也有一些应用案例，如电子门禁系统在我国得到广泛应用。

8.2.2 基于IOT的智能实验室安全管理系统的研究现状撰写

国内众多院校的开放实验室自动化管理虽然起步较晚，但在近几年也有了长足的发展。现如今很多高校采用信息自动化管理软件来辅助传统人工管理的方式进行实验管理，主要体现在对一些人员信息、实验项目和实验设备的管理上。例如，北京化工大学开发的高校仪器设备管理系统和高校实验室管理系统已经很成熟，可以方便广大高等学校完成实验室信息数据的采集和上报，其免费软件可供高校下载使用。由清华大学计算机中心为学校阅览室和机房等设计的开放实验室管理系统就是一个成功的案例，该系统可以为以上场所提供全自动化管理服务。广西大学研发的实验室管理系统采用成熟的架构，以网上预约的方式为全校师生提供访问平台，便于及时获取开放性实验信息。国内高校将物联网应用在开放实验室管理中的研究还比较少，不过，随着物联网技术的不断普及和应用，国内高校已经开始尝试将物联网技术应用在实验室管理中。例如，一种将技术应用在开放实验室管理中的设计，基于网络可以很好地控制实验设备的协同工作，通过内嵌的服务器可以远程监控实验设备。一种将技术应用在开放实验室中门禁管理的设计，可以很好地完成对实验室重要设备仪器的安全管理。一种基于物联网的智慧实验室设计，提出了对实验环境、实验资源、实验教学和实验人员四种不同环境的智慧管理。这些成功案例的实现为项目的开发提供了必要的借鉴。

8.3 设计方案撰写

8.3.1 系统总体设计方案

系统总体结构方案主要包含系统的软件与硬件的不同组成单元，在设计撰写过程中一般可以通过方框图、系统结构图、软件流程图等不同的方式表现出来。

（1）方框图

以表示某一仪器部件间的相对位置和功能的图解，亦称"框图"。方框内表示各独立部分的性能、作用等，方框之间用线连接起来，表示各部分之间的相互关系，简称框图，也叫方块图。整机电路方框图是表达整机电路图的方框图，也是众多方框图中最为复杂的方框图。关于整机电路方框图，主要说明下列几点。从整机电路方框图中可以了解到整机电路的组成和各部分单元电路之间的相互关系；在整机电路方框图中，通常在各个单元电路之间用带有箭头的连线进行连接，通过图中的这些箭头方向，还可以了解到信号在整机各单元电路之间的传输途径等；有些机器的整机电路方框图比较复杂，有的用一张方框图表示整机电路结构情况，有的则将整机电路方框图分成几张。

"校重机器人"的方框图如图 8-1 所示。

案例 8-3 "校重机器人" 的方框图

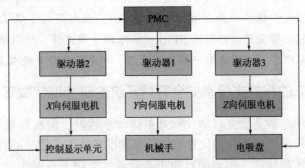

图 8-1 "校重机器人"的方框图

（2）系统结构图

系统结构图是结构化设计方法使用的描述方式，也称结构图或控制结构图。它表示了一个系统（或功能模块）的层次分解关系，模块之间的调用关系，以及模块之间数据流和控制流信息的传递关系，它是描述系统物理结构的主要图表工具。系统结构图反映的是系统中模块的调用关系和层次关系，谁调用谁，有一个先后次序（时序）关系，所以系统结构图既不同于数据流图，也不同于程序流程图。在系统结构图中的有向线段表示调用时程序的控制从调用模块移到被调用模块，并隐含了当调用结束时控制将交回给调用模块。

如果一个模块有多个下属模块，这些下属模块的左右位置可能与它们的调用次序有关。例如，在用结构化设计方法依据数据流图建立起来的变换型系统结构图中，主模块的所有下属模块按逻辑输入，中心变换，逻辑输出的次序自左向右一字排开，左右位置不是无关紧要的。

系统结构图是对软件系统结构的总体设计的图形显示。在需求分析阶段，已经从系统开发的角度出发，把系统按功能逐次分割成层次结构，使每一部分完成简单的功能且各个部分之间又保持一定的联系，这就是功能设计。在设计阶段，基于这个功能的层次结构把各个部分组合起来成为系统。处理方式设计：确定为实现软件系统的功能需求所必需的算法，评估算法的性能，确定为满足软件系统的性能需求所必需的算法和模块间的控制方式（性能设计），确定外部信号的接收发送形式。"基于 IOT 的智能实验室安全管理系统"系统结构图如图 8-2 所示。

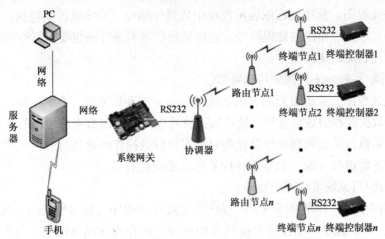

图 8-2 "基于 IOT 的智能实验室安全管理系统"系统结构图

（3）软件流程图

使用图形表示算法的思路是一种极好的方法，因为千言万语不如一张图。流程图在汇编语言和早期的 BASIC 语言环境中得到应用。相关的还有一种 PAD 图，对 PASCAL 或 C 语言都极适用。

以特定的图形符号加上说明表示算法的图，称为流程图或框图。流程图是流经一个系统的信息流、观点流或部件流的图形代表。在企业中，流程图主要用来说明某一过程。这种过程既可以是生产线上的工艺流程，也可以是完成一项任务必需的管理过程。

例如，一张流程图能够成为解释某个零件的制造工序，甚至组织决策制定程序的方式之一。这些过程的各个阶段均用图形块表示，不同图形块之间以箭头相连，代表它们在系统内的流动方向。下一步何去何从，要取决于上一步的结果，典型做法是用"是"或"否"的逻辑分支加以判断。

流程图是揭示和掌握封闭系统运动状况的有效方式。作为诊断工具，它能够辅助决策制定，让管理者清楚地知道问题可能出在什么地方，从而确定可供选择的行动方案。流程图有时也称作输入—输出图。该图直观地描述一个工作过程的具体步骤。流程图对准确了解事情是如何进行的，以及决定应如何改进过程极有帮助。这一方法可以用于整个企业，以便直观地跟踪和图解企业的运作方式。

流程图使用一些标准符号代表某些类型的动作，如决策用菱形框表示，具体活动用方框表示。但比这些符号规定更重要的是必须清楚地描述工作过程的顺序。流程图也可用于设计改进工作过程，具体做法是先画出事情应该怎么做，再将其与实际情况进行比较。图 8-3 所示为"基于 IOT 的智能实验室安全管理系统"流程图。

① 数据流程图：数据流程图表示求解某一问题的数据通路。同时规定了处理的主要阶段和所用的各种数据媒体。数据流程图包括：

a. 指明数据存在的数据符号，这些数据符号也可指明该数据所使用的媒体；

b. 指明对数据执行的处理符号，这些符号也可指明该处理所用到的机器功能；

c. 指明几个处理和（或）数据媒体之间的数据流的流线符号；

d. 便于读/写数据流程图的特殊符号。

在处理符号的前后都应是数据符号。数据流程图以数据符号开始和结束（除 GB 1526—89 规定的特殊符号外）。

② 程序流程图：程序流程图表示程序中的操作顺序。程序流程图包括：

a. 指明实际处理操作的处理符号，它包括根据逻辑条件确定要执行的路径的符号；

b. 指明控制流的流线符号；

c. 便于读/写程序流程图的特殊符号。

③ 系统流程图：系统流程图表示系统的操作控制和数据流。系统流程图包括：

a. 指明数据存在的数据符号，这些数据符号也可指明该数据所使用的媒体；

b. 定义要执行的逻辑路径以及指明对数据执行的操作的处理符号；

c. 指明各处理和（或）数据媒体间数据流的流线符号；

d. 便于读/写系统流程图的特殊符号。

④ 程序网络图：程序网络图表示程序激活路径和程序与相关数据的相互作用。在系统流程图中，一个程序可能在多个控制流中出现；但在程序网络图中，每个程序仅出现一次。程序网络图包括：

a. 指明数据存在的数据符号；

b. 指明对数据执行的操作的处理符号；

c. 表明各处理的激活和处理与数据间流向的流线符号；

d. 便于读/写程序网络图的特殊符号。

⑤ 系统资源图：系统资源图表示适合于一个问题或一组问题求解的数据单元和处理单元的配置。系统资源图包括：

a. 表明输入/输出或存储设备的数据符号；

b. 表示处理器（如中央处理机．通道等）的处理符号；

c. 表示数据设备和处理器间的数据传输以及处理器之间的控制传送的流线符号；

d. 便于读/写系统资源图的特殊符。

案例 8-5 "基于 IOT 的智能实验室安全管理系统" 流程图

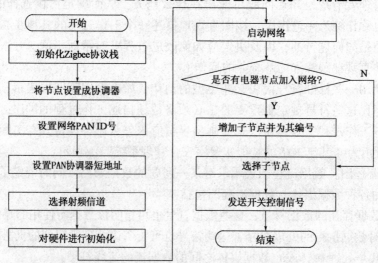

图 8-3　"基于 IOT 的智能实验室安全管理系统" 流程图

8.3.2 申报材料中的表格

实验测量和计算数据是科技论文的核心内容，作为数据表述主要形式之一的表格，因具有鲜明的定量表达量化信息的功能而被广泛采用。三线表以其形式简洁、功能分明、阅读方便而在科技论文中被推荐使用。三线表通常只有 3 条线，即顶线、底线和栏目线（见案例 8-6，注意：没有竖线）。其中顶线和底线为粗线，栏目线为细线。当然，三线表并不一定只有 3 条线，必要时可加辅助线，但无论加多少条辅助线，仍称作三线表。三线表的组成要素包括：表序、表题、项目栏、表体、表注。

论文中一般要求使用三线表，就是表格只能有上边框和下边框，再加上标题行下面要有一个细一点的边框，是为三线。制作方法如下（以 Word 2003 为例）：点击表格左上方的"田"字型的标记（当鼠标悬停在表格上的时候就会出现），选中整个表格，点击右键，选中菜单中的"表格自动套用格式"，会弹出一个窗口，点击右边的"新建"按钮，新建一个样式，这时又会弹出一个窗口，让你设置样式属性，弹出的窗口："名称"一栏可以随便填，这里我们填"三线表"。"样式基于"这一项可以让你在已有样式的基础上添加一些新的属性，这里我们选择普通表格就行了，重点在"格式应用于"这一栏，我们先选择"整个表格"，然后设置表格的上框线和下框线（点击表格左上方的那个"田"字标记），左边那两个下拉菜单可以设置框线类型和粗细，上面的做好之后再重新选择"格式应用于"一栏，选择"标题行"，设置标题行的下框线，按照要求设置框线类型和粗细，设置好之后点击确定，然后点击应用，当前表格就会被应用上三线表的样式了。其他表格在第 2 步的操作之后不必新建样式，选中列表中的"三线表"直接应用样式就好了。

提示：有时候设置会不太好使，比如会把三条线设置为同样粗细，这种情况下，你可以在第 5 步之后直接应用，然后修改"三线表"样式，直接进行第 6 步再应用，把第 5 步和第 6 步分别设置并且应用，应该可以解决问题。

 案例 8-6 常见无线通信技术性能对比表

表 8-1 常见无线通信技术性能对比表

标准	ZigBee	Bluetooth	Wifi	UWB
IEEE 规范	802.15.4	802.15.1	802.11a/b/g	802.15.3a
频段	868/915MHz；2.4GHz	2.4GHz	2.4GHz；5GHz	3.1~10.6GHz
最大信号速率	250Kb/s	1Mb/s	54Mb/s	110Mb/s
标称距离	10~100m	10m	100m	10m
标称发射功率	-25~0dBm	0~10dBm	15~20dBm	-41.3dBm/MHz
信道数量	1/10；16	79	14（2.4GHz）	（1~15）
信道带宽	0.6~2MHz	1MHz	22MHz	500MHz~7.5GHz
最大节点数量	>65000	8	2007	8
数据校验	16 位 CRC	16 位 CRC	32 位 CRC	32 位 CRC
技术优势	低功耗、低成本	低成本、高效率	宽带宽、较灵活	高速率
应用场合	无线传感网、医疗	通信、汽车、IT	无线接入	音视频传输

8.3.3 申报材料中的图片

申报材料中的图片主要包含结构图、电路图、产品设计图片、接线图等。在项目申报书中应用图片能够给评审专家直接的印象，提升专家对项目的理解程度。申报材料中的图片要能够具有良好的清晰度，图片美观。

（1）接线图

描述系统中设备与线缆连接的图纸，接线图（Wiring Diagram）是电路的一个简化传统图形表示。它将电路的组件简化为形状，以及器件之间的功率和信号连接。接线图通常会提供有关设备上设备和终端的相对位置和布局的信息，以帮助构建或维修设备。这不同于示意图，其中图上的组件互连的布置通常不与组件在成品设备中的物理位置相对应。图8-4所示为电机控制系统的接线图。

 案例8-7　电机控制系统的接线图

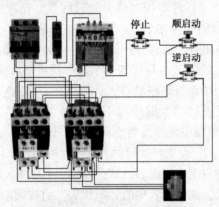

图8-4　电机控制系统的接线图

（2）结构图

结构图是指以模块的调用关系为线索，用自上而下的连线表示调用关系并注明参数传递的方向和内容，从宏观上反映软件层次结构的图形，结构图分建筑图和组织结构图。图8-5所示为校重机器人机械结构图。

 案例8-8　校重机器人机械结构图

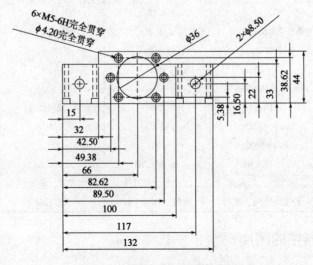

图8-5　校重机器人机械结构图

（3）电路图

电路图是指用电路元件符号表示电路连接的图。电路图是人们为研究、工程规划的需要，用物理电学标准化的符号绘制的一种表示各元器件组成及器件关系的原理布局图。由电路图可以得知组件间的工作原理，为分析性能、安装电子、电器产品提供规划方案。在设计电路中，工程师可从容地在纸上或电脑上进行，确认完善后再进行实际安装。通过调试改进，修复错误，直至成功。采用电路仿真软件进行电路辅助设计、虚拟的电路实验，可提高工程师工作效率、节约学习时间，使实物图更直观。

电路图主要由元件符号、连线、结点、注释四大部分组成。元件符号表示实际电路中的元件，它的形状与实际的元件不一定相似，甚至完全不一样，但是它一般都表示出了元件的特点，而且引脚的数目都和实际元件保持一致。连线表示的是实际电路中的导线，在原理图中虽然是一根线，但在常用的印刷电路板中往往不是线，而是各种形状的铜箔块，就像收音机原理图中的许多连线在印刷电路板图中并不一定都是线形的，也可以是一定形状的铜膜。结点表示几个元件引脚或几条导线之间相互的连接关系。所有和结点相连的元件引脚、导线，不论数目多少，都是导通的。注释在电路图中是十分重要的，电路图中所有的文字都可以归入注释一类。细看以上各图就会发现，在电路图的各个地方都有注释存在，它们被用来说明元件的型号、名称等。图 8-6 所示为 PWM 电池 RCD 吸收电路图。

 案例 8-9　PWM 电池 RCD 吸收电路图

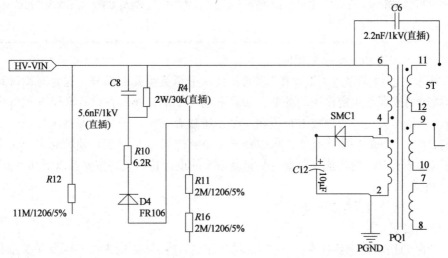

图 8-6　PWM 电池 RCD 吸收电路图

8.4　项目申报

8.4.1　申报书撰写

（1）作品分类

项目申报中申报书是最为关键的材料，在申报书中要能够对拟申报项目的分类进行正确的归类。选择项目作品的分类，前提是要对作品的功能、相关的技术具有充分的了解，才可以对项目产品的分类做出对应的选择。基于 IOT 的智能实验室安全管理系统的设计产品涉及互联网、物联网、计算机技术，因此选择信息技术分类。本项目的作品分类如表 8-2 所示。

表 8-2　基于 IOT 的智能实验室安全管理系统分类

作品全称	基于 IOT 的智能实验室安全管理系统的设计
作品分类	（B）A. 机械与控制（包括机械、仪器仪表、自动化控制、工程、交通、建筑等） B. 信息技术（包括计算机、电信、通讯、电子等） C. 数理（包括数学、物理、地球与空间科学等） D. 生命科学（包括生物、农学、药学、医学、健康、卫生、食品等） E. 能源化工（包括能源、材料、石油、化学、化工、生态、环保等）

（2）设计目的

设计目的要明确，设计目的就是根据目前本领域的实际工作情况，尤其是目前需要解决的问题进行分析。本项目的设计目的主要就是能够对开放实验室实现远程、智能管理，设计目的如表 8-3 所示。

表 8-3　基于 IOT 的智能实验室安全管理系统设计目的

作品设计、发明的目的和基本思路，创新点，技术关键和主要技术指标	目前为了能够有效锻炼学生的实践技能，不断进行自我学习与专业探索，各个学校都陆续开始对学生进行实验室开放，鼓励学生进行自主实践创新，但是在方便的同时也存在不少安全隐患。为了能够让老师对开放实验室进行有效管理，实时了解实验室的状况，我们在老师的指导下进行了基于 IOT 的智能实验室安全管理系统的相关研究与设计

（3）技术关键和主要技术指标

① 技术关键：亦称"关键动作"。动作技术中至关重要的部分，它是对掌握动作技术、提高运动成绩起决定作用的环节，如跳远技术中的起跳。在体育教学与训练中都需要狠抓这个动作关键。关键技术是指在一个系统或者一个环节或一项技术领域中起到重要作用且不可或缺的环节或技术，可以是技术点，也可以是对某个领域起到至关重要作用的知识。基于 IOT 的智能实验室安全管理系统的设计技术关键主要有以下几个方面。

a. APP 的开发；

b. Zigbee 网关以及数据库的更新；

c. 通信协议。

② 产品的技术指标：技术指标主要指构成产品（主体）的内在特征及其关系集合的量化描述，包括基本要素及其关系，亦即结构方面的量化特征描述，主体支撑条件或环境的描述，系统与外部接口特征的量化描述以及系统自身空间规模的描述等。性能指标是产品（主体）功能特质的量化描述，主要包括功能实现的程度，功能维持的持久度，以及功能适用的范围，功能的实现条件等。技术指标侧重于产品（主体）的内在结构方面的量化描述，是性能指标的基础，这是由结构决定功能这一系统原理决定的，属于产品的先天性指标；性能指标是在规定技术指标及相关约束条件下产品功能特质的必然表现或反映。

产品指标如下：

a. 环境变量监测传感器（温湿度、气体浓度等）；

b. 360°全视角摄像头；

c. 网络云存储技术；

d. 可视化门禁控制；

e. 红外远程报警。

产品的设计基于物联网技术、通信技术以及各种传感器技术，实现了开放实验室智能化、网络化管理，各种传感器的监测精度符合了实验室的要求，具有重要的应用价值与推广意义。

（4）产品技术优势

技术优势是企业比较常用语，企业的技术优势是指企业拥有的比同行业其他竞争对手更强的技术实力及研究与开发新产品的能力。这种能力主要体现在生产的技术水平和产品的技术含量上。基于 IOT 的智能实验室安全管理系统的设计技术优势如下。

① 综合物联网技术，实现了开放实验室的智能化管理，并可以根据实验室特征进行节点的增减。

② 远距离的控制方式可以实现教师对实验室的有效管理与学生进行自主实验、创新实践的完美结合。

③ 多状态的传感技术以及控制方案可以确保实验室的安全，并可以有效实现实验室管理制度的控制与执行。

目前国内外的科研院所都对物联网在智能控制方案进行了较多的研究，主要方向有智能交通、智能家居、智慧城市、智能健康等，在各个领域都取得了重要的理论成果与实践应用。北京大学、西安电子科技大学等研究机构在基于物联网技术的智能实验室方面都进行了研究，但是主要集中在系统架构理论、控制算法方面，缺乏实证研究，本作品结合了智能实验室研究的理论成果与典型的实验室进行实证研究，并进行了实际系统的开发设计。同时作品与 GSM 技术结合，有效提升了系统的性能，拓展了系统的应用范围。

（5）市场分析和经济效益预测

市场分析是对市场规模、位置、性质、特点、市场容量及吸引范围等调查资料所进行的经济分析。主要目的是研究商品的潜在销售量，开拓潜在市场，安排好商品地区之间的合理分配，以及企业经营商品的地区市场占有率。市场分析的作用主要表现在两个方面：企业的营销战略决策只有建立在扎实的市场分析的基础上，只有在对影响需求的外部因素和影响企业购、产、销的内部因素充分了解和掌握以后，才能减少失误，提高决策的科学性和正确性，从而将经营风险降到最低限度；有效的市场分析是实施营销战略计划的重要保证。

企业在实施营销战略计划的过程中，可以根据市场分析取得的最新信息资料，检验和判断企业的营销战略计划是否需要修改，如何修改以适应新出现的或企业事先未掌握的情况，从而保证营销战略计划的顺利实施。只有利用科学的方法去分析和研究市场，才能为企业的正确决策提供可靠的保障。市场分析可以帮助企业解决重大的经营决策问题，比如说通过市场分析，企业可以知道自己在某个市场有无经营机会或是能否在另一个市场将已经获得的市场份额扩大。市场分析也可以帮助企业的销售经理对一些较小的问题做出决定，例如，公司是否应该立即对价格进行适当的调整，以适应顾客在节日期间的消费行为；或是公司是否应该增加营业推广所发放的奖品，以加强促销工作的力度。基于 IOT 的智能实验室安全管理系统的设计市场与经济效益如下。

基于 IOT 的智能实验室安全管理系统的设计能够有效实现对于大学开放实验室的管理，尤其是实验室的安全方面，可以提供可视化门禁、红外监测、环境变量监测、防火、防盗等综合功能。基于 IOT 的智能实验室安全管理系统综合采用了物联网技术、GSM 技术，并开发了对应的 APP，管理实时有效，在各个不同的实验室进行安装时可以根据实际需求进行节点的增减，并进行系统定制。

基于以上技术优势以及灵活广泛的应用特性，基于 IOT 的智能实验室安全管理系统在各个高校的开放实验室以及重点实验室具有较高的实践应用价值，同时在工厂企业等重点实验室、重点设备等方面也可以推广应用，产品具有良好的经济效益与市场价值。预测可以实现经济效益 100 万元以上。

8.4.2 作品申报

作品申报一般需要经过校级评审，再进行更高级别的推荐，作品申报途径现在一般都采用在线申报的方式，也就是在系统中进行填报提交，这样的方式方便了不同评审专家对作品进行客观科学的评价。挑战杯全国大学生课外学术科技作品竞赛作品申报如图 8-7 所示。

图 8-7　挑战杯全国大学生课外学术科技作品竞赛作品申报

同时还有全国大学生发明杯大赛、全国机器人大赛以及各个专业所对应的行业大赛等。各位同学的学习过程中，结合自己的专业进行正确申报。

任务与思考

1. 结合自身专业，进行科创类竞赛项目的收集与整理。
2. 如何写好申报书的创新点？
3. 确定一个科创项目，完成项目申报书的撰写工作。

第9章

创 新 精 神

    创新是指以现有的思维模式提出有别于常规或常人思路的见解为导向，利用现有的知识和物质，在特定的环境中，本着理想化需要或为满足社会需求，而改进或创造新的事物（包括产品、方法、元素、路径、环境），并能获得一定有益效果的行为。

    创新精神是指要具有能够综合运用已有的知识、信息、技能和方法，提出新方法、新观点的思维能力和进行发明创造、改革、革新的意志、信心、勇气和智慧。

9.1　创新精神内涵

    创新精神是一个国家和民族发展的不竭动力，也是一个现代人应该具备的素质。

    创新精神属于科学精神和科学思想范畴，是进行创新活动必须具备的一些心理特征，包括创新意识、创新兴趣、创新胆量、创新决心，以及相关的思维活动。

    创新精神是一种勇于抛弃旧思想、旧事物，创立新思想、新事物的精神。例如，不满足已有认识（掌握的事实、建立的理论、总结的方法），不断追求新知；不满足现有的生活生产方式、方法、工具、材料、物品，根据实际需要或新的情况，不断进行改革和革新；不墨守成规（规则、方法、理论、说法、习惯），敢于打破原有框框，探索新的规律，新的方法；不迷信书本、权威，敢于根据事实和自己的思考，对书本和权威质疑；不盲目效仿别人想法、说法、做法，不人云亦云，唯书唯上，坚持独立思考，说自己的话，走自己的路；不喜欢一般化，追求新颖、独特、异想天开、与众不同；不僵化、呆板，灵活地应用已有知识和能力解决问题都是创新精神的具体表现。

    创新精神是科学精神的一个方面，与其他方面的科学精神不是矛盾的，而是统一的。例如，创新精神以敢于摒弃旧事物、旧思想，创立新事物、新思想为特征，同时创新精神又要以遵循客观规律为前提，只有当创新精神符合客观需要和客观规律时，才能顺利地转化为创新成果，成为促进自然和社会发展的动力；创新精神提倡新颖、独特，同时又要受到一定的道德观、价值观、审美观的制约。

    创新精神提倡独立思考、不人云亦云，并不是不倾听别人的意见、孤芳自赏、固执己见、狂妄自大，而是要团结合作、相互交流，这是当代创新活动不可缺少的方式。创新精神提倡胆大、不怕犯错误，并不是鼓励犯错误，只是出现错误认知是科学探究过程中不可避免的；创新精神提倡不迷信书本、权威，并不反对学习前人经验，任何创新都是在前人成就的基础上进行的；创新精神提倡大胆质疑，而质疑要有事实和思考的根据，并不是虚无主义地怀疑一切……总之，要用全面、辩证的观点看待创新精神。只有具有创新精神，我们才能在未来的发展中不断开辟新的天地。

 案例9-1　五易画风的白石老人

齐白石，本是个木匠，靠着自学，成为画家，荣获世界和平奖。然而，面对已经取得的成功，他永不满足，而是不断汲取历代名画家的长处，改变自己作品的风格。他60岁以后的画，明显地不同于60岁以前。70岁以后，他的画风又变了一次。80岁以后，他的画的风格再度变化。据说，齐白石的一生，曾五易画风；正因为白石老人在成功后仍然马不停蹄，所以他晚年的作品比早期的作品更为成熟，形成独特的流派与风格。白石老人的画风变迁如图9-1所示。

图9-1　白石老人画风不断创新

 案例9-2　普朗克缺乏创新精神

1900年，著名教授普朗克（见图9-2）和儿子在自己的花园里散步，他神情沮丧，很遗憾地对儿子说："孩子，十分遗憾，今天有个发现，它和牛顿的发现同样重要。"他提出了量子力学假设及普朗克公式。他沮丧这一发现破坏了他一直崇拜并虔诚地信奉为权威的牛顿的完美理论。他最终宣布取消自己的假设。人类本应因权威而受益，却不料竟因权威而受害，由此使物理学理论停滞了几十年。

图9-2　著名物理学家普朗克

25 岁的爱因斯坦敢于冲破权威圣圈，大胆突进，赞赏普朗克假设并向纵深引申，提出了光量子理论，奠定了量子力学的基础。随后又锐意进取，打破了牛顿的绝对时间和空间的理论，创立了震惊世界的相对论，一举成名，成了一个更伟大的权威。

 案例9-3 氧的发现

物体为什么会燃烧？18 世纪时的权威理论的回答是"烧素说"，认为能燃烧的物体内有一种名叫"烧素"的特殊物质。

1774 年，英国有位叫普列斯特列的科学家（见图9-3），他在给氧化汞加热时，发现从中分解出的纯粹气体可以促使物体燃烧。这是一种什么东西呢？普列斯特列习惯地从"烧素说"的常识出发，就将它命名为"失燃素的空气"。

同年10 月，普列斯特列带着他的实验到法国游历，受到化学家拉瓦锡的接待。当拉瓦锡得知普列斯特列的实验后，他立即重做一遍并得到了那种新的气体，并第一个命名为氧，再通过思考研究，建立了燃烧的氧化理论，这是化学史上的一次革命。为此，我们除了对拉瓦锡敢于从"常识"头上迈过一步的勇敢精神表示钦佩外，对普列斯特列被"常识"像梦魇一样拉着，不能不为之叹息。

图9-3 著名化学家普列斯特列

 案例9-4 揭开天体的层层面纱

长期以来，古希腊天文学家托勒玫的"地心体系"的理论统治着人们的头脑，托勒玫认为地球居于中央不动，日、月、行星和恒星都环绕地球运行。后来，哥白尼推翻了托勒玫的理论。哥白尼在《天体运行论》中阐明了日心说，告诉我们：太阳是宇宙的中心，地球围绕太阳旋转。而后，布鲁诺接受并发展了哥白尼的日心说（见图9-4），认为宇宙是无限的，太阳系只是无限宇宙中的一个天体系统。伽利略通过望远镜观察天体，发现日球表面凹凸不平，木星有 4 个卫星，太阳有黑子，银河由无数恒星组成，金星、水星都有盈亏现象等。不久，开普勒分析第谷·布拉赫的观察资料，发现行星沿椭圆轨道运行，并提出行星三大运动定律，为牛顿发现万有引力定律打下了基础，因此可以说：科学是不断发现的过程，真理是不断创新的过程。

图 9-4　哥白尼与日心说

9.2　创新精神与企业

变革与创新是企业的核心价值观之一。要实现世界级现代企业集团的战略目标，创新成为关键环节，而创新与风险相伴而行，这就需要营造一种鼓励创新、积极向上的开拓性企业文化，以形成不畏风险、勇猛精进的良好氛围。

9.2.1　企业文化能增强企业的凝聚力、产品竞争力

正像其他生命体有其自身的基因一样，企业作为一个生命体也有自身的基因，这个基因就是企业文化。企业文化的核心是其思想观念，它决定着企业成员的思维方式和行为方式，能够激发员工的士气，充分发掘企业的潜能。一个好的企业文化氛围建立后，它所带来的是群体的智慧、协作的精神、新鲜的活力，这就相当于在企业核心装上了一台大功率的发动机，可为企业的创新和发展提供源源不断的精神动力。为此，企业文化建设要与企业的创新有机结合起来，为企业创新提供适宜的环境和充足的营养。

创新——企业文化的精髓，是企业长盛不衰的法宝。企业文化只有把创新的基因植入员工当中去，才是真正能够让企业长盛不衰的企业文化。像松下电器、IBM、英特尔、柯达等百年企业之所以生存至今，原因就在于其创新精神长盛不衰，非常重要的一条就是企业文化像基因一样植入企业的细胞当中去。部分具有创新精神的企业如图 9-5 所示。

图 9-5　部分具有创新精神的企业

9.2.2　正确引导员工创新

正确引导员工创新是新时期下企业文化建设的一个新课题，特别是在市场竞争日趋激烈的今天，应该让每个员工感受到市场压力，由市场来评判员工的劳动是否有效。现在企业最大的困惑是企业的领导感到市场的压力非常大，而有些员工并没有感受到压力或感到压力不大。如果把市场压力穿透到每个员工身上去，员工一定会想办法来解决这个压力，这就需要创新，而这个创新正是企业文化最需要的。如果每个人都来动脑子、都来创新，这对企业来说是一笔非常大的财富。企业要从组织结构上使每个人与市场都联系起来，每次创新都要清楚用户的需求是什么。如果能够满足用户需求，那么你的创新就是有价值的，这个创新就不是空洞的，是非常具体的。让员工动脑子想一想，今天的创新是什么？是不是用户的需求？而不是被动的你让我干什么我就干什么。

其实每位员工都想体现或实现自身价值，我们做的是在为市场提供价值的同时让员工实现自身价值。比如在海尔，原来的开发人员叫型号经理，就是原来是上级要求你开发这种产品，定下来之后设计生产，有没有销量与你无关，而当前是你自己来寻找市场，可以提出你的方案，确定后生产，生产了并不表明你完成了任务，而是根据市场的销量来确定利润，根据利润来提成。也就是说，你不但与一个新产品挂在一起，而且也与市场挂在一起。从本质来讲，用户需要的绝不仅仅是产品本身，他们需要的是问题的解决方案。如果解决方案可以提供他非常满意的效用，他会给你带来客源，你就获得了市场、获得了利润。相反，有的产品，叫好不叫座，就没有市场，也就没有利润、没有收入，其劳动得不到市场的认可，只得去研究别的市场，或者再找一个别的适合的工作。

9.2.3　创新是适应信息化和经济全球化的客观要求

面对今天这个信息化、经济全球一体化时代，如果每个人与市场不结合在一起，不去创新，这个企业就没法生存。在信息化的时代，互联网被广泛应用，你所知道的信息，别人也都能知道，所有的信息都是对称的，只有速度制胜才能占领市场，谁能最快满足用户需求谁就赢得了市场。所以要把创新的基因渗入到每个员工当中去，不能停留在口头的表面文章上，而是通过市场的途径来实践。每人每时每刻都与市场结合在一起，离开市场就没有生存的余地。国外的企业文化概念，前提是企业中每个人都是利益最大化的经济主体，可能在中国许多人很难接受，其实就是把自身利益与市场利益结合在一起。

让我们牢牢记住美国现代管理学之父德鲁克的一名言：组织的目的只有一个，就是使平凡的人能够做出不平凡的事。如果让每个人直接面对市场，也就是每一个人都像老板一样，都像经营者，自己来经营他自己，来发挥他最大的创造力。

9.3　创新精神培养

9.3.1　对所学习或研究的事物要有好奇心

牛顿少年时期就有很强的好奇心，他常常在夜晚仰望天上的星星和月亮。星星和月亮为什么挂在天上？星星和月亮都在天空运转着，它们为什么不相撞呢？这些疑问激发着他的探索欲望。后来，经过专心研究，终于发现了万有引力定律。能提出问题，说明在思考问题。在学习过程中，自己如果提不出问题，那才是最大的问题。好奇心是包含着强烈的求知欲和追根究底的探索精神，要想在茫茫学海获取成功，就必须有强烈的好奇心。正像爱因斯坦说的那样："我没有特别的天赋，只有强烈的好奇心。"

9.3.2　对所学习或研究的事物要有怀疑态度

不要认为被人验证过的都是真理。许多科学家对旧知识的扬弃，对谬误的否定，无不自怀疑开始的。例如，伽利略始于对亚里士多德"物体依本身的轻重而下落有快有慢"的结论的怀疑，发现了自由落体规律。怀疑是发自内在的创造潜能，它激发人们去钻研、去探索。对课本我们不要总认为是专家教授们写的，不可能有误。专家教授们专业知识渊博精深，我们是应该认真地学习。但是，事物在不断地变化，有些知识这时候适用，将来不一定适用。再说，现有的知识不一定没有缺陷和疏漏。老师不是万能的，任何老师所传授的专业知识不能说全部都是绝对准确的。对待我们所学习或研究的事物，我们应做到：不要迷信任何权威，应大胆地怀疑。这是我们创新的出发点。

9.3.3　对所学习研究的事物要有追求创新的欲望

如果没有强烈的追求创新欲望，那么无论怎样谦虚和好学，最终都是模仿或抄袭，只能在前人划定的圈子里周旋。要创新，我们就要坚持不懈地努力，勇敢面对困难，要有克服困难的决心，不要怕失败，相信一点，失败乃成功之母。例如，著名学者周海中教授在探究梅森素数分布时就遇到不少困难，有过多次失败，但他并不气馁。由于追求创新的欲望和坚持不懈地努力，他终于找到了这一难题的突破口。1992 年他给出了梅森素数分布的精确表达式，如图 9-6 所示。目前这项重要成果被国际上命名为"周氏猜测"。

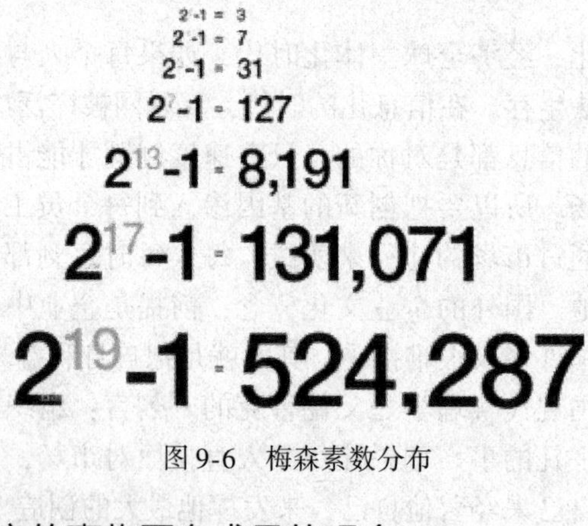

$$2^? - 1 = 3$$
$$2^? - 1 = 7$$
$$2^? - 1 = 31$$
$$2^? - 1 = 127$$
$$2^{13} - 1 = 8,191$$
$$2^{17} - 1 = 131,071$$
$$2^{19} - 1 = 524,287$$

图 9-6　梅森素数分布

9.3.4　对所学习研究的事物要有求异的观念

不要"人云亦云"。创新不是简单的模仿，要有创新精神和创新成果，必须要有求异的观念。求异实质上就是换个角度思考，从多个角度思考，并将结果进行比较。求异者往往要比常人看问题更深刻、更全面。

9.3.5　对所学习或研究的事物要有冒险精神

创造实质上是一种冒险，因为否定人们习惯了的旧思想可能会招致公众的反对。冒险不是那些危及生命和肢体安全的冒险，而是一种合理性冒险，大多数人都不会成为伟人，但我们至少要最大限度地挖掘自己的创造潜能。

9.3.6 对所学习研究的事物要做到永不自满

一个有很多创造性思想的人如果就此停止，害怕去想另一种可能比这种思想更好的思想，或已习惯了一种成功的思想而不能产生新思想，结果就会变得自满，停止了创造。

9.4 大学生创新精神培养

创新是知识经济时代的一个显著标志。要想让创新型人才辈出，就要用创新教育培养学生的创新精神。因此，如何深化课堂教学改革，依据学科特点，找出创新教育突破口，培养学生的创新精神？成为摆在我们每一个教育工作者面前的又一个迫切任务。

要培养具有创新精神的学生，首先教师应具有创新精神。只有具有创新精神和创新意识的教师，才能对学生进行启发教育，培养学生的创新能力；只有教师了解当今高新技术发展的最新成果，才能站在高科技革命的高度，鼓励学生勇敢探索；只有教师自身具备不断学习提高的能力，才能教会学生如何学习；只有具有坚定理想信念和优良道德品质的教师，才能对学生进行有效的思想政治教育和人格培养。

9.4.1 教师应首先更新教学观念

从传统的应试教育的圈子跳出来，具备明晰而深刻的创新教学理念。传统的教育观的基本特点是以知识的传授为中心，过分强调了老师的作用，而新的教育要在教学过程中体现"学生为主体，教师为主导，训练为主线，思维为核心"的教学思想，尊重学生的人格及创造精神，把教学的重心和立足点转移到引导学生主动积极的"学"上来，引导学生想学、会学、善学。

9.4.2 教师应该改进教学方法

变灌输方式为主动探索式，变学生的被动学习为主动学习，努力创设有利于学生创造性思维发展的教学氛围，运用有利学生创新意识培养的教学方法，为学生创新意识的培养创造条件。传统教育中"填鸭式"的教学方法显然不能培养学生的创新思维和能力，只有通过发现式、启发式、讨论式等先进的教学方法，综合加以运用，才能满足教学要求。这就要求我们既要有改革创新精神，又要着眼于实际效果。

9.4.3 教师要营造和谐氛围

使学生参与创新，培养学生的创新精神，要创设有利于培养学生创新精神的教学氛围，而和谐、民主的教学氛围，有利于解放学生思想，活跃学生思维，使其创新精神得以发挥。教师要充分相信学生的能力，保护每一个学生的独创精神，哪怕是微不足道的见解。例如，著名特级教师吴正宪教师在教学《分数的初步认识》时，叫学生折出一个二分之一，可有两个学生折出了四分之一，这时吴老师就问学生，对这件事你们怎么看？大多同学都持反对意见，可吴老师却评价说："你们真有创造力。"简单的一句话，体现了吴老师对学生的宽容，也体现了吴老师尊重学生，允许学生的"不听话"。到了课的最后，吴老师又说："老师教出了一个二分之一，你们却创造出这么多的分数，首先该感谢谁呀?"自然而然,两个"不听话"的孩子就成了这节课上的英雄,这个教学环节就成了吴老师的亮点。

9.4.4　教师要大胆鼓励学生质疑

"杰拉德·卡斯帕尔教授,你错了!"美国斯坦福大学荣誉校长杰拉德·卡斯帕尔(见图9-7)在给本科一年级学生上课时,学生们经常这样提醒他,但这正是他最高兴的地方。"学生们的天真让我意识到我的理解并不全面,然后再把讲义重写一遍。创新就要靠这种质疑的勇气。"他说。在当今的信息社会,知识更新的速度大大加快,要在海量的信息中获取有用的知识,教师必须培养学生具有良好的判断能力和批判精神。教师应鼓励学生在学习和继承人类已经创造出的优秀文明成果的基础上,勇于突破成规,勇于对现有知识质疑,挑战旧的学术体系,在发现和创新知识方面敢于独辟蹊径。要打破"听话的孩子就是好孩子"的观念,倡导勤思、善问的良好学风。教师要保持一颗平常心对待学生的质疑,不要怕被学生问倒,而扼杀学生质疑的优秀品质。著名特级教师宁鸿彬老师对学生提出"三个欢迎"和"三个允许"的开放政策:欢迎质疑、争辩和发表意见,允许出错、改正和保留意见。这些民主的教学思想,都为学生创新精神的培养创造了积极的条件。

图9-7　杰拉德·卡斯帕尔

9.4.5　应为学生提供利于创造的学习环境

教学环境应当为每个学生提供自由思想的空间,让学生大胆的想象,甚至可以异想天开。学生能否具有一定的对学习内容自主选择的自由,也是在课堂教学中实现创新教育的关键。教师要为学生创设一个愉悦、和谐、民主、宽松的人际环境,教师应该努力以自己对学生的良好情感去引发学生积极的情感反应,创设师生情感交融的氛围,使学生在轻松和谐的学习氛围中产生探究新知兴趣,积极主动地去追求人类的最高财富——知识和技能,从而使学生敢创造,同时迸发出创造思想的火花。老师应多为学生创造表现机会,使学生在自我表现的过程中增强自信,提高创新能力。

9.4.6　要改善教学评价标准

传统教学评价偏向以课本知识为唯一标准,往往要求十分细碎,偏重速度和熟练,很少鼓励创造。为了培养学生的创新精神，学生评价要鼓励拔尖、鼓励专长、鼓励创见。教师在讲评作业或试卷时，对有创新的学生要提出表扬，使创新意识和创新精神形成班风乃至校风，促进全体学生创新能力的提高。

 任务与思考

1. 分析创新精神的内涵。
2. 从网络上收集创新精神的案例，并进行分组讨论。

参 考 文 献

[1] 克莱顿·克里斯坦森，[加] 迈克尔·雷纳. 创新者的解答. 北京：中信出版社，2013.

[2] 冯立杰，冯奕程. 创新方法研究. 北京：科学出版社，2017.

[3] 史晓凌，茹海燕，谭培波. 企业技术创新典型案例及模式研究. 北京：科学出版社，2012.

[4] 陈工孟. 创新思维训练与创造力开发. 北京：经济管理出版社，2016.

[5] 承文. 创新型企业知识管理. 北京：机械工业出版社，2015.

[6] 张光宇. 颠覆性创新：SNM 视角. 北京：科学出版社，2017.

[7] 周苏. 创新思维与方法. 北京：机械工业出版社，2015.

[8] 王竹立. 学习与创新. 北京：机械工业出版社，2017.

[9] 吕薇. 创新驱动发展与知识产权制度. 北京：中国发展出版社，2014.

[10] 陈晓暾，陈李彬，田敏. 创新创业教育入门与实战. 北京：清华大学出版社，2017.

[11] 朱英明，张珩. 创新驱动发展论. 北京：经济管理出版社，2014.

[12] 谈毅. 我国创新政策绩效评价研究. 上海：上海交通大学出版社，2013.

[13] 王君. 创新驱动发展. 北京：北京理工大学出版社，2014.

[14] 孙洪义. 创新创业基础. 北京：机械工业出版社，2016.

[15] 戚安邦. 创新项目管理. 北京：中国电力出版社，2017.